新バイオテクノロジーテキストシリーズ

植物バイオテクノロジー

NPO法人
日本バイオ技術教育学会監修

池上 正人 著

理工図書

監修の言葉

　2004年にヒトゲノムの全塩基配列の完成版の論文が発表された。ヒトゲノム解読による配列決定技術の進歩はバイオサイエンス/バイオテクノロジーに革新的な波及効果をもたらし、その後、次々と生物のゲノムの解読が行われた。その結果、哺乳類、鳥類、両生・爬虫類、昆虫類、魚類、高等植物、藻類、微生物など、計800種以上のゲノムの全塩基配列が次々と論文発表されている。このような膨大な遺伝情報をもとに、疾患の解析や生命システムの解明、遺伝子治療、再生医療、ゲノム編集、メタゲノム解析などの新しい学問領域が誕生し、大きな挑戦が続いている。折しも、私たちは、疾病、食糧・人口、環境・エネルギーなど、地球規模の問題に直面している。これらの問題の解決にバイオサイエンス/バイオテクノロジーが大きく貢献すると期待されている。まさに、21世紀はバイオサイエンス/バイオテクノロジーの世紀と言われる所以である。

　新バイオテクノロジーテキストシリーズは、遺伝子工学、新・微生物学、分子生物学、生化学、バイオ英語入門の全5科目から構成されているが、今回新たに植物バイオテクノジーを上梓した。今後動物バイオテクノロジー、微生物バイオテクノロジーのテキストを出版する予定である。本シリーズはバイオテクノロジーに興味をもって大学や専門学校に入学した学生の勉学に役立つように構成されている。各テキストは、それぞれの分野での教科書として単独で用いても十分に意義のある内容が盛られている。しかし、バイオテクノロジーを習得するために必要な基礎科目の教科書として一括して用いれば、さらにすぐれた相乗効果を発揮するであろう。

　これらのテキストの内容は、NPO法人日本バイオ技術教育学会が実施している、中級・上級バイオ技術者認定試験に配慮し、認定試験に必要な「キーワード」を網羅している。さらに各章の終りには、知識の再確認のための「まとめ」が設けられている。

　各教科書を勉強することによって、バイオテクノロジーの分野についての総合的な理解が深められ、一人でも多くの人がバイオテクノロジーの世界に興味を持ってくださることを願っている。

平成28年9月

NPO法人日本バイオ技術教育学会　理事長

池上　正人

はじめに

　バイオテクノロジーは、生物のもっているさまざまな機能を合理的に利用する技術である。

　植物におけるバイオテクノロジーは、組織培養技術を中心に、組換え DNA 技術などの新しい技術を加えながら進歩してきた。組織培養の技術開発や研究は、1950 年代から本格的に始まり、植物個体再分化技術は農業において広く利用されるようになった。大量増殖技術を用いて誘導した植物の代表的なものにラン類があり、わが国においては 1970 年代頃から実用化が始まっている。また、わが国で栽培されているジャガイモの 9 割以上、イチゴの 6 割以上にウイルスフリー苗が使われている。宿根カスミソウ、カーネーション、ガーベラなどの花ではさらに進んでいる。葯や花粉を培養する技術は、植物の育種、品種改良のための有益な手段として広く利用されている。

　一方、高等植物の遺伝子組換えは、1980 年初頭に根頭がん腫病菌であるアグロバクテリウムがもっている Ti プラスミドをベクターとして用いることで初めて成功した。その後、高等植物の遺伝子解析や Ti プラスミドベクターの改良などの基礎研究が進み、1994 年にはアメリカで日持ちがよいトマトが開発販売された。続いて除草剤耐性、害虫およびウイルス病耐性のダイズ、トウモロコシ、ワタ、ナタネなどの農作物が開発され、現在はアメリカをはじめ 27 カ国で商業栽培されている。世界の組換え作物の栽培面積はこの 20 年間で飛躍的に伸びた（わが国の国土の約 4.9 倍に拡大）。そして全世界の組換えダイズやワタの栽培面積は、それぞれの栽培面積の 70％以上を占めるまでになった。遺伝子組換え農作物は途上国の農業に大きく貢献している。

　本書は、このような植物バイオテクノロジー分野の現状をふまえ、これを体系化し、大学農学部、農業短期大学、専門学校の学生諸君の教科書、参考書としてまとめたものであり、図版を多く用いたわかりやすい解説を心がけた。さらに多様な知見の理解を助けるために基礎分野の章（植物バイテクの基礎）を設け、章末では重要事項を簡潔にまとめた。執筆にあたっては、日本バイオ技術教育学会が実施する上級バイオ技術者認定試験への対応を十分配慮した。

　刊行にあたり、株式会社理工図書の勝池優里氏に大変お世話になった。厚く謝意を表する。

平成 28 年 9 月

池上　正人

Contents

監修の言葉

はじめに

第1章　植物バイテクの基礎 ……… 1

- 1.1 植物の細胞と組織 ……… 1
- 1.2 植物細胞の構造と機能 ……… 4
    - A. 核、染色体と遺伝子 ……… 6
    - B. 色素体 ……… 11
    - C. ミトコンドリア ……… 15
    - D. ミクロボディ（ペルオキシソーム） ……… 17
    - E. 液胞 ……… 18
    - F. 小胞体 ……… 19
    - G. リボソーム ……… 19
    - H. ゴジル体 ……… 20
- 1.3 物質代謝における同化と異化 ……… 20
    - A. 光合成 ……… 21
    - B. 呼吸代謝 ……… 33
    - C. 窒素同化作用 ……… 37
- 1.4 植物の生殖、発生と恒常性の維持 ……… 40
    - A. 体細胞分裂とその過程 ……… 40
    - B. 被子植物の減数分裂と生殖細胞の形成 ……… 42
    - C. 被子植物の受精 ……… 45

	D. 裸子植物の生殖細胞の形成と受精	46
	E. 自家不和合性とその機構	47
	F. 母性遺伝	52
	G. 細胞質雄性不稔性とその機構	52
	H. 種子の形成と発芽	54
	I. 花芽分化	56
	J. 光形態形成における光レセプター（フィトクロム）	57
1.5	植物ホルモンとその生理作用	59
	A. オーキシン	60
	B. サイトカイニン	64
	C. ジベレリン	68
	D. エチレン	72
	E. アブシシン酸	78
	F. ブラシノステロイド	80
	G. ジャスモン酸	80
	H. 植物ホルモンの合成部位	81
	I. 植物ホルモンの作用機作	81
1.6	トランスポゾン	82
1.7	植物ウイルス	88
	A. ウイルス粒子の形態とゲノム構造	89
	B. ウイルスの分類と命名	96
	C. 感染、増殖と移行	97

	D. 干渉効果（クロスプロテクション）と弱毒ウイルスによる防除 ── 98
	E. ウイルスの定量 ──────────────────── 100
	F. ウイルスの検出および同定 ──────────── 103

まとめ ─────────────────────────────── 107

第2章　植物細胞組織培養 ─────────────── 119

2.1	種子植物の細胞組織培養研究の発展 ──────── 119
2.2	培地の組成 ─────────────────── 122
	A. 無機栄養素 ─────────────── 123
	B. 有機栄養素 ─────────────── 123
	C. 植物ホルモン ───────────── 124
	D. 天然物質 ─────────────── 124
	E. 培地支持体と培地のpH ────────── 124
2.3	不定胚形成の様式 ──────────────── 125
2.4	遊離細胞培養と単細胞培養 ────────────── 126
2.5	プロトプラストの単離、培養とプロトクローンの利用 ── 127
	A. プロトプラストの単離 ─────────── 128
	B. プロトプラストの培養と植物体再生 ──────── 129
2.6	プロトプラストによる細胞融合とその方法 ─────── 130
	A. プロトプラストによる細胞融合と体細胞雑種 ──── 131
	B. 対称融合と非対称融合 ─────────── 132
2.7	培養苗の大量増殖 ──────────────── 133

2.8	茎頂培養とウイルスフリー植物	135
	A. 茎頂培養によるウイルスフリー苗の作出 ── 135	
	B. ウイルス検定 ── 137	
2.9	葯培養、花粉培養と偽受精胚珠培養	138
2.10	胚培養、胚珠培養と子房培養	140
2.11	ソマクローン変異体の選抜	141
2.12	順化	142
2.13	人工種子	143
	まとめ	144

第3章　植物の形質転換 — 147

3.1	Agrobacterium tumefaciens によるクラウンゴール形成機構	148
3.2	植物の形質転換 ── アグロバクテリウム法	151
	A. バイナリーベクターを用いた植物の形質転換 ── 151	
	B. 形質転換細胞を選抜するための選択マーカー遺伝子 ── 152	
	C. 形質転換植物を得る方法 ── リーフディスク法 ── 154	
3.3	アグロバクテリウム法を用いたイネの形質転換	155
3.4	選択マーカー遺伝子を含まない形質転換植物の作製法	155
	A. MAT ベクターシステム ── 156	
	B. Cre-*loxP* システム ── 156	
3.5	葉緑体への外来遺伝子導入	158
3.6	直接遺伝子導入法による植物の形質転換とトランジェントアッセイ	158

		A. パーティクルボンバードメント法による植物の形質転換 —— 159
		B. エレクトロポレーション法による植物の形質転換 —— 160
		C. ポリエチレングリコール法による植物の形質転換 —— 160

3.7 トランジェントアッセイとレポーター遺伝子 —— 161

    A. β-グルクロニダーゼ（GUS）遺伝子 —— 161

    B. ルシフェラーゼ（LUC）遺伝子 —— 162

    C. 緑色蛍光タンパク質（GFP）遺伝子 —— 162

    D. クロラムフェニコールアセチルトランスフェラーゼ（CAT）遺伝子 —— 162

3.8 植物がウイルスから身を守る防御機構——RNAサイレンシング —— 163

    A. RNAサイレンシングの分子機構 —— 164

    B. ウイルスがコードするRNAサイレンシング抑制タンパク質——サプレッサー —— 165

    C. 遺伝子発現調節を行う短いRNA——マイクロRNA（miRNA） —— 166

3.9 遺伝子発現抑制法——アンチセンス法 —— 167

3.10 遺伝子組換え植物（形質転換植物） —— 168

    A. Btトキシン遺伝子導入作物（耐虫性作物） —— 168

    B. ウイルス病抵抗性作物 —— 169

    C. 除草剤耐性作物 —— 170

    D. 雄性不稔植物 —— 172

    E. 日持ちのするトマト —— 174

    F. オレイン酸含量が高いダイズ —— 175

    G. ステアリドン酸を含有するダイズ —— 176

    H. リシン含量が高いトウモロコシ —— 177

		I. 耐熱性α-アミラーゼを含有するトウモロコシ	177
		J. 乾燥耐性のトウモロコシ	177
		K. アミロペクチン含量が高いジャガイモ	178
		L. 青色のカーネーションと青色のバラ	178
3.11	遺伝子組換え作物の安全性評価		180
3.12	世界における遺伝子組換え作物栽培の現状		182
3.13	DNA による品種・系統識別法		184
	A. 品種と系統		184
	B. 品種・系統識別法		184

まとめ ———————————————————————— 187

第4章　ゲノム解析 ———————————————— 191

4.1	cDNA ライブラリーの作製と cDNA の解析	193
4.2	DNA 配列にもとづく DNA マーカー	194
4.3	ゲノムライブラリーの作製	196
4.4	塩基配列の決定とアノテーション	198
4.5	遺伝子の並び方を決めるのに用いられるクロモソームウオーキング（染色体歩行）	199
4.6	遺伝子の単離法	199
	A. ポジショナルクローニング — 200	
	B. タギング法 — 200	
4.7	ゲノム編集	202

	A. ゲノム編集法	202
	B. ゲノム編集を用いた標的遺伝子改変	203
4.8	遺伝子発現解析のためのマイクロアレイ法	205
4.9	プロテオーム解析	206
4.10	バイオインフォマティックス	207
まとめ		208
索引		211

第1章

植物バイテクの基礎

　バイオテクノロジーは生物工学あるいは生物利用技術と訳され、「生物のもつ遺伝情報、特殊機能をそのままの形、または人為を加えた形で活用し、人類の生活、生存、環境の保全に役立つ生物種、物質、機器などを研究、生産する技術」と定義することができる。農学分野における植物バイオテクノロジーは、細胞・組織培養技術や組換え DNA 技術からなる。

　本章では植物バイオテクノロジーを理解する上で手助けとなる基礎知識について解説する。すなわち、細胞と組織、葉緑体の構造と機能、遺伝子の構造とその発現、光合成のしくみ、窒素同化作用、重複受精のしくみ、自家不和合性のしくみ、細胞質雄性不稔のしくみ、植物ホルモンの生理作用、トランスポゾンの転移のしくみ、植物ウイルスの形態やゲノム構造などについてである。

1.1　植物の細胞と組織

　地球上には、さまざまな植物が存在しているが、それらは種子をつくる種子植物とコケやシダのように種子をつくらないものとに分けることができる。種子植物のなかには、イチョウ、ソテツ、マツのような**裸子植物**（胚珠が子房に包まれていない植物で、裸の種子をつくる）と、**被子植物**（胚珠が子房におお

われており、種子は子房壁が成熟してできた果皮に包まれている）があり、被子植物は、さらにイネ、ユリ、トウモロコシのような**単子葉植物**（子葉は1枚で、葉の葉脈は平行（平行脈という）になっている植物）とキク、サクラ、マメのような**双子葉植物**（子葉は2枚で、葉の葉脈は網状（網状脈という）になっている植物）に分けられる。

　植物体のつくりを図1-1に示した。植物体は、特有の形や機能をもった多くの細胞で成り立っている。同じ機能をもつ細胞の集まりは組織とよばれる。組織は、**分裂組織**と**永久組織**（分化した組織）の2つに大別される。

① 分裂組織は、細胞分裂を続ける未分化の細胞集団で、**茎頂分裂組織**（茎の先端付近にある組織）および**根端分裂組織**（根の先端付近にある組織）や**形成層**がこれにあたる。茎頂分裂組織と根端分裂組織によって次々と新しい葉、茎や根が形成される。

② 永久組織は分裂組織でつくられた細胞が成長・分化してできた組織で、表皮組織、柔組織、機械組織、通道組織に分けられる。

- **表皮組織**とは、表面をおおう細胞層のことで、**クチクラ層**、**毛**、**気孔**、水孔を指す。

- **柔組織**は、細胞質に富み、細胞壁が薄くて柔らかい細胞からなる。**同化組織**（光合成を行う組織、**葉肉組織**、草本茎の皮層）、**貯蔵組織**（養分の貯蔵をする組織、ジャガイモの地下茎、サツマイモの根）、貯水組織（サボテンの茎、ベゴニアの葉）、分泌組織（乳液や樹液を分泌する組織、タンポポの乳管、マツの樹脂道、花の蜜腺）がこれにあたる。

- **機械組織**は、厚い細胞壁からなり、植物体を強固にする。厚壁組織（細胞壁が一様に肥厚した死細胞の集まり、ナシの果肉（石細胞））、厚角組織（細胞壁の隅が一様に肥厚した生細胞の集まり、ホウセンカ・スイバの茎）、繊維組織（木化した細長い死細胞の集まり、木部繊維）がこれにあたる。

- **通道組織**は、管状細胞が縦に連なり、水や養分を運ぶ。道管（根から吸収した水や無機塩類の通路、道管を構成する細胞は死んで、内部は中空になり、上下の細胞壁を失った細胞で、これらが縦につな

がって道管を形づくっている、被子植物の木部は道管からなる）、**仮道管**（裸子植物・シダ植物の木部は仮道管からなる）、**師管**（光合成でつくられた有機物をからだの各部に運ぶ通り道、維管束の師部は師管からなる）がこれにあたる。

植物体の組織は、その働きの上から、**表皮系**、**基本組織系**、**維管束系**の3つに大別することができる。

① 表皮系：植物の表面をおおって、内部を保護する組織の集まり、表皮組織（クチクラ層、毛、気孔、水孔など）
② 基本組織系：植物体の基本的な働きをする組織の集まり、根と茎の皮層（柔組織・機械組織）、葉の柵状組織と海綿状組織（柔組織）、根と茎の髄（柔組織・機械組織）
③ 維管束系：植物の支持と通道をする組織の集まり、師部（師管（通道組織）、師部繊維（機械組織）、師部柔組織）、形成層（分裂組織）、木部

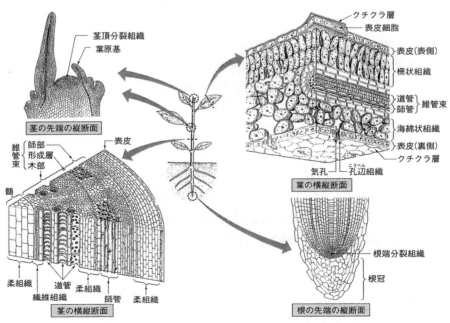

図 1-1　植物個体のつくり　（植物バイオテクノロジー　古川他，実教出版，2015）

(道管（通道組織）、仮道管（通道組織）、木部繊維（機械組織）、木部柔組織）

また、組織はいくつかの組織が集まって、まとまった機能をもつ器官（栄養器官と生殖器官）が形成される。**栄養器官**は、シダ植物と種子植物に共通の器官である、根、茎、葉がこれにあたる。**生殖器官**は、シダ植物では造卵器、造精器が、種子植物では花がこれにあたる。さらに、いくつかの器官が集まって、1つの植物体ができる。

1.2　植物細胞の構造と機能

植物細胞は細胞膜（原形質膜）とその外側にある細胞壁によって包まれている。細胞壁は細胞内部を保護し、安定した形を保つ。細胞壁は原形質体（プロトプラスト）からの分泌生成物であり、細胞の非生活部分に属する。若い植物細胞の細胞壁は非結晶性で、ゲル形成性のマトリックス多糖類（マトリックスゲル）にセルロース微繊維が埋め込まれた、極めて裂けにくく、柔軟で伸長性に富む複合物である。セルロース微繊維は、β-1,4-グルカン分子が数十本水素結合した集合体である。マトリックスは多糖類とタンパク質からなる。多糖類はペクチン性多糖類とヘミセルロース多糖類を主成分としている。成長や分化の過程では、セルロース微繊維やマトリックスゲルの再編を行って、細胞壁の構造を変えている。細胞の分化・成熟に伴い、リグニンやスベリンなどが沈着する。

細胞は、細胞膜を介して栄養素の取り込み、老廃物の排出など、選択的な物質の透過を行っている。なお、細胞壁は溶媒も溶質も通す全透性の膜である。細胞膜は**リン脂質二重層**と**膜タンパク質**と総称されるタンパク質からなる（図1-2）。脂質二重層では、尾部が向かい合い、疎水部、すなわち"仕切り"を構成している。一方、表面には親水性の頭部が並び、細胞の内と細胞外それぞれの環境に"馴染む"ことができるようになっている。

膜タンパク質のあるものは、脂質二重層の上層部に、またあるものは下層部

1.2 植物細胞の構造と機能

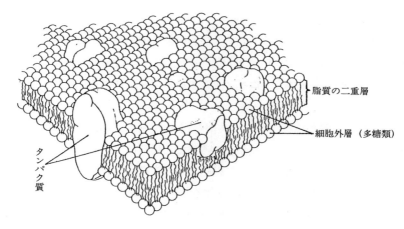

図 1-2 細胞膜の流動モザイクモデル（植物バイオテクノロジー　池上，理工図書，1997）
リン脂質の 2 分子の層のなかにタンパク質がモザイク状にはめ込まれ、膜表面上あるいは近傍に位置するものと、膜を完全に通過するものがみられる。膜タンパク質（糖タンパク質）はこの二重層につなぎ止められている。これらの膜タンパク質分子は、構造部品、物質輸送、酵素あるいは受容体としての機能がある。

に存在する。しかしある膜タンパク質は、二重層を貫いて両面に顔を出している。このような貫通型のタンパク質では、実際に膜を貫通している部分のアミノ酸配列が、脂質二重層内の疎水部分の領域と馴染むために、疎水性の性格を帯びており、また細胞内外に突出した部分では、親水性を帯びている。これらのタンパク質は膜上で移動が可能である。

　これらの膜タンパク質や細胞外に分泌されるタンパク質には、糖鎖が結合しているものが多く、糖タンパク質とよばれている。このようなタンパク質の働きにより、物質や細胞外からの情報が細胞内に輸送される。

　真核生物の細胞には膜で包まれた細胞小器官がある。それらは、核、ミトコンドリア、小胞体、ゴルジ体、エンドソーム、リソソーム、ミクロボディ、それに植物に存在する葉緑体などがある。細胞質の細胞小器官の間を埋める領域を**細胞質基質**（**細胞質ゾル**）という。細胞質基質は、可溶性のタンパク質やRNA およびリボソームを含むタンパク質合成系などを含んでおり、重要な物質反応が行われる場所である。

A. 核、染色体と遺伝子

　核は細胞機能をつかさどる中心で、核膜により細胞質と仕切られている。核は直径 5 〜 20 nm の球形あるいは楕円形で、ユリなどのゲノムサイズが大きい植物ほど大型で、イネやシロイヌナズナなどゲノムサイズが小さいものほど小型である。

　核膜は 2 層の膜からなっており、細胞質の小胞体と連絡している。核膜には**核膜孔（核孔）**とよばれる孔がところどころに存在し、細胞質で合成されたタンパク質はその孔を通じて核質に輸送される。核に輸送されるタンパク質には通常数残基の塩基性アミノ酸からなる**核局在化シグナル**（NLS）が存在する。NLS は核内に局在化させる機能をもっている。一方、核内で転写された mRNA と核小体で組み立てられたリボソームは核膜孔を通じて核膜外輸送される。

　核内には**核小体（仁）**とよばれる構造体があり、そこでは大小のリボソームサブユニットが合成される。リボソーム RNA（rRNA）の合成は核小体で行われる。細胞質で合成されたタンパク質は核内に輸送され、核小体で rRNA と会合してリボソームサブユニットを形成したあと、核外へと運び出される。細胞質において大サブユニットと小サブユニットが結合してリボソームとなる（19 ページ参照）。

　間期核の核質は主としてクロマチン（染色質）状態である。この状態では染色体とは認知できない。クロマチンは、真核生物の核内に存在する塩基性物質で、DNA とヒストンの複合体を主成分とし、非ヒストンタンパク質を含む集合体である。

（1）クロマチンと染色体

　真核細胞の DNA は、核のなかでは裸の状態ではなく、タンパク質複合体と結合した**クロマチン**を形成している。染色体は細胞分裂のときにだけみられるクロマチンの凝集状態である。クロマチンは、4 種類の塩基性タンパク質であるヒストン（H2A、H2B、H3、H4）が 2 分子ずつからなる八量体（**ヒストンオクトマーあるいはコアヒストン**という）に、長さ約 200 bp の DNA が約 2 回巻きついた**ヌクレオソーム**構造を基本単位としている（図 1-3）。コアヒ

ストンのH2A、H2B、H3、H4のアミノ酸配列および長さは進化上保存されている。これは、コアヒストンの構造がほとんど変化させることのできない重要な構造であることを示している。1つのヌクレオソームと次のヌクレオソームの間のDNAは**リンカーDNA**とよばれ、20 bpから60 bpの長さがある。**リンカーDNA**にリンカーヒストンとよばれるH1や非ヒストンタンパク質が結合している。ヌクレオソーム構造をとったDNAはさらに円状に並び、ソレノイド構造となる。**ソレノイド構造**は6個のヌクレオソームで1回転し、その内側にH1分子が結合している（図1-3）。DNAの二重らせんの直径は約0.2 nmであるが、ヌクレオソーム構造をとることによってその直径は11 nm、さらにソレノイド構造をとることによって30 nmとなる。ソレノイド構造はさらに折りたたまれてスーパーソレノイド構造（直径200 nm）をとり、**クロマチン**となる。しかしクロマチンはすべてスーパーソレノイド構造をとっているわけではない。スーパーソレノイド構造、ソレノイド構造、ヌクレオソーム構造や、裸のDNAが混ざり合った構造をとっている。

転写活性の低い染色体領域は**ヘテロクロマチン**とよばれ、染色体構造は非常に凝縮している。テロメアDNAやX染色体がヘテロクロマチンとして知られている。サテライトDNA（高度に反復した配列からなるDNA領域、186ペー

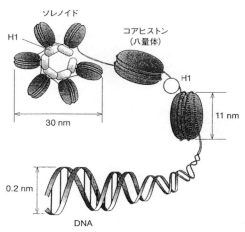

図1-3 ヌクレオソーム（11 nm）とソレノイド（30 nm）の模式図
（分子生物学 第2版 池上・海老原，講談社サイエンティフィク，2013）

ジ参照）はヘテロクロマチン領域にみられる。一方、転写活性の高い染色体領域は**ユークロマチン（活性クロマチン）**とよばれ、染色体構造はそれほど密になっておらず、ヌクレオソーム構造をとっている。リボソームRNA遺伝子を含む染色体はユークロマチンとしてよく知られている。

（2） ゲノム

真核細胞では、DNAは塩基性タンパク質のヒストンなどとクロマチンとよばれる複合体をつくっている。クロマチンは核内に広がって存在しているが、細胞分裂する時期になると、凝縮して染色体になる。生物の種はそれぞれに決まった数の染色体をもっている。イネの体細胞の染色体数（$2n$）は24本、シロイヌナズナの体細胞の染色体数は10本、ミヤコグサの体細胞の染色体数は12本、ヒトの体細胞の染色体数は46本、ショウジョウバエの体細胞の染色体数は8本である。半数染色体（n）の1組のことを**ゲノム**といい、個々の生物が存続するのに最低限必要な遺伝子群を含む染色体の1組をいう。植物に感染するウイルスは、1つの巨大なRNAまたはDNAから構成されており、そのRNAまたはDNAをゲノムという。

（3） 遺伝子の構成

タンパク質を指定する遺伝子領域の一般的な構造を図1-4に示した。遺伝子と、その遺伝子から転写されるmRNAの塩基配列を比較すると、遺伝子のなかにはあるが、mRNAのなかには存在しない配列が存在する。このように

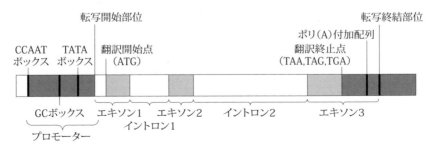

図1-4　真核細胞のタンパク質を指定する遺伝子の基本構造
　　　ゲノムDNA上のタンパク質のアミノ酸配列を指定する塩基配列は、分断されて存在する。プロモーター：遺伝子が転写を開始するためにRNAポリメラーゼが結合する領域。

遺伝情報をもたない介在配列を**イントロン**という。また、イントロンで隔てられた、遺伝情報をもつ領域を**エキソン（エクソン）**という。遺伝子の大きさとその産物であるタンパク質の大きさには相関関係はない。エキソンの長さはイントロンに比べ短く、どの遺伝子でも大差はない。それに比べ、イントロンの長さはいろいろで、それが遺伝子の長さの多様性のもとになっている。

（4）遺伝子ファミリー

1つの遺伝子が重複し、個々の遺伝子が進化の過程で機能分担したものを**遺伝子ファミリー**という。そのメンバーは1つにまとまってクラスターを形成していることもあれば、別の染色体上に分散していることもある。

遺伝子ファミリーには、遺伝子配列の類似性が遺伝子全体に及ぶものと一部のドメインまたはモチーフにのみ認められるものがある。個々の配列には高い類似性は見られないが、ドメインやモチーフにのみ類似性が認められるものを**スーパーファミリー**とよんでいる。これは共通の先祖遺伝子から広範な変異を経て生じたものである。

（5）テロメア配列

真核生物の染色体には線状二本鎖DNAが含まれている。細胞分裂に伴い染色体DNAが両端から次第に短くなっていくのを防ぐ目的で、染色体の両端には特殊な立体構造をとり、核膜に結合している**テロメア配列**が存在する。

テロメア配列は下等真核生物から高等真核生物までよく似ており、6〜8 bp（出芽酵母 TG_{1-3}、シロイヌナズナ TTTAGGG、トマト TT（T/A）AGGG、ヒト TTAGGG）の単純な配列が数十回縦列配列している。また、この反復配列の長さは一定ではない。テロメア配列は**ミニサテライトDNA**の1つである。染色体により、また個体により、テロメア配列の長さは異なる。このテロメア配列は細胞分裂により減少するが、その減少を補う機構として、RNAとタンパク質複合体からなる**テロメラーゼ**がある。テロメラーゼ内のRNAの配列を鋳型とし、相補的な配列を合成して、染色体DNAの末端に付加する。

（6） 倍数性と異数性とその利用

　染色体数は種によって原則的に一定である。しかし近縁の植物種では基本染色体数が整数倍になっているものもあり、**倍数性**とよばれる。倍数性をもつ個体を**倍数体**という。基本染色体数（ゲノム）を x で表すと、$2x$ の生物を二倍体、$3x$、$4x$、-------- を三倍体、四倍体という。三倍体以上を倍数体という。基本染色体数しか持たないものは半数体（一倍体）である。花粉を培養することによって半数体をつくることができる。半数体は種子を残すことはできないが、これをもとにして二倍体をつくると遺伝子がホモ接合体になっているものが得られる。このような植物は葯培養により人為的につくられる（138ページ参照）。

　高等植物においては倍数体としている種も多く、倍数性を示す種が**倍数種**である。種が適応・進化するために染色体を倍加させていると考えられる。作物では、コムギ、タバコ、ナタネ、ワタ、ジャガイモ、サツマイモなどは倍数種である。

　相同染色体が倍加した倍数体を**同質倍数体**という。ジャガイモ、ラッカセイ、コーヒー、シロクローバなどは同質四倍体である。四倍体は一般に花や果実が大きくなる。自然倍数化によってつくられたブドウの四倍体は果実が大きい。コルヒチン処理によって比較的容易に倍数体をつくることができる。しかし、倍数体にすると生育が遅くなって晩生になり、かつ不稔性が強いことが多く、実用化された例は多くない。もっとも、栄養繁殖して栄養体を利用する作物では、不稔になっても利用できるので、クワやチャのような栄養繁殖植物で利用されている。

　四倍体は生育が遅いので、三倍体の栄養体を利用しているものもある。チャやクワでは三倍体の品種が育成された。ただし、三倍体にすると減数分裂の際に三価染色体が形成されて分裂が異常となり、稔性が悪くなるので、栄養繁殖できる植物に限られる。

　三倍体の高い不稔性を積極的に利用する場合がある。種なし性の植物をつくって利用するものである。バナナ、クワ、果樹類では、自然に生じた三倍体が種子を形成しない性質を利用している。この場合いずれも栄養繁殖できる作物に限られる。人為的に三倍体をつくって不稔性を利用しているものに、テン

サイ、スイカ、ブドウ、花卉などがある。

　異種のゲノムが組み合わさって成立した倍数体を**異質倍数体**という。コムギ、タバコ、ナタネ、ワタなどでは異質倍数体が主要な品種となっている。

　異質倍数体を作出する方法は２通り考えられる。その１つはまず交雑によって雑種 F_1 を得て、それをコルヒチン処理して倍数体とする方法である。もう１つの方法は、まず両親それぞれに四倍体を作製したあと、それらを交雑して複二倍体（異質四倍体）とする方法である。どちらの方法をとるかは、交雑の容易さ、染色体倍加の容易さによる。

　個体または系統が、その種に固有の基本数 x の整数倍より１個ないし数個多い、または少ない染色体数をもつ現象を**異数性**という。そのような個体を**異数体**という。

　いま仮に、$2x$ を接合体の染色体数とすると、異数性の接合体の染色体数が $2x-1$、$2x-2$ や $2x+1$、$2x+2$ となる。前二者は染色体が削除されている場合で、後二者は染色体が添加されている場合である。異数性の植物は、一般に稔性と生育が悪く実用的でない。四倍体と二倍体を交配すると三倍体になる。三倍体は稔性が低く交配しにくいが、これをさらに二倍体と交配すると、ある相同染色体は３本でほかの染色体は二倍体になっている植物体をつくることができる。このようにして、倍数体を使って交雑を重ね、倍数性や染色体基本数とは違った染色体数をもつ植物をつくることができる。

B. 色素体
（１）　色素体の形態形成

　色素体はそれが存在する組織での機能に応じてさまざまな形態をもつ細胞小器官に相互変換する。**色素体**（プラスチド）は、その働きによって、**葉緑体**（クロロプラスト）、**白色体**（ロイコプラスト）、**有色体**（クロモプラスト）の３種類に分けることができる。茎頂、根端などの未分化な分裂組織では、色素体は**原色素体**（プロプラスチド）とよばれる内膜構造の未分化な状態にある。根のような非光合成組織では、原色素体はデンプンを蓄積し、やや大型の白色体へと分化する。子葉、種子、塊茎、塊根などの貯蔵組織では、さらにデンプンの蓄積が進み、**アミロプラスト**（デンプン体）へと分化する。果実、花弁な

どでは、多量のカロテノイドを蓄積する有色体が分化し、それらの器官に色を与える。緑葉などの光合成組織では、チラコイド膜（図1-5）とよばれる内膜構造が発達し、クロロフィルを多量に蓄積した葉緑体に分化する。葉緑体の分化には光が必須である。

　光合成は、緑葉の細胞内光合成器官である葉緑体で進行する。葉緑体は内外2枚の葉緑体膜で包まれ、内部の基質を**ストロマ**といい、そこに**チラコイド**という内側の葉緑体膜から生じた扁平な袋状の構造が平行に並んでおり、ところどころに小さなチラコイドが銀貨を積み重ねたようになって**グラナ**をつくっている（図1-5）。ストロマにはDNAや同化デンプン粒などがみられる。チラコイドの膜には光合成に必要な酵素群やクロロフィルやカロテノイドなど光合成色素が存在する（22ページ参照）。

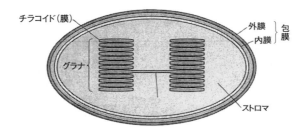

図1-5　葉緑体の構造　（分子生物学　第2版　池上・海老原，講談社サイエンティフィク，2013）

（2）ゲノムと遺伝子発現

　葉緑体ゲノムは環状の二本鎖DNAからなる。通常は植物種当たり1種類の葉緑体DNAのみをもつ。陸上植物の葉緑体DNAの大きさは120〜160 kbpで、その大部分には10〜30 kbpの長い反復配列が逆向きに存在しており（逆位反復配列、IR）、そのなかにrRNA遺伝子群が存在する。単子葉植物の葉緑体DNAは、双子葉型の葉緑体DNAが大きな反転と転移を経て進化したものである。葉緑体ゲノムがコードする遺伝子の多くは、葉緑体の転写、翻訳装置に関わるものと、光合成に関わるものに大別される。葉緑体ゲノムにコードされる遺伝子の発現は葉緑体内の独自の転写、翻訳装置によって行われる。

　葉緑体遺伝子は核遺伝子と同じ普遍的遺伝暗号を用いている。葉緑体遺伝子

のなかにはイントロンを含むものとそうでないものがある。葉緑体ゲノムの一次転写産物は、原核生物と同じく 5' 末端は三リン酸化されたままで、3' 末端にはポリ (A) 鎖はない。葉緑体プロモーターの多くは大腸菌のプロモーターと同じ構成である。

葉緑体遺伝子の転写には複数の RNA ポリメラーゼが関わっている。その 1 つは原核型の RNA ポリメラーゼ（サブユニット α、β、β'、σ）であるが、4 つのサブユニットのうち、σ 様因子は細胞質より供給されている。いくつかの葉緑体遺伝子は核コードの RNA ポリメラーゼにより転写されている。

葉緑体の多くの遺伝子は連続した、1 つの mRNA として転写される（ポリシストロニック転写）。このような前駆体 mRNA から遺伝子単位に切り出され（RNA プロセシング）、同時にイントロンをもつものはスプライシングを受ける。葉緑体 RNA のプロセシングに特徴的なステップは、**RNA 編集（RNA エディティング）**である。ミトコンドリアほど頻繁にはみられないが、RNA 中の C を U に変換する RNA 編集（C → U 変換）が葉緑体ゲノムの開始コドンやコーディング領域にみられる（図 1-6）。ゲノムの開始点に位置する ACG は mRNA レベルでは AUG に変換している。コーディング領域内の C → U 変換はコドンの 1 番目と 2 番目の位置に起こる。この置換はタンパク質のアミノ

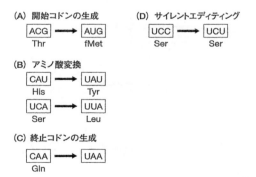

図 1-6　葉緑体における RNA 編集　（分子生物学　第 2 版　池上・海老原, 講談社サイエンティフィク，2013）
(A) コード領域の最初の ACG が開始コドン AUG となり、開始コドンができる。
(B) コード領域内のコドンの 1 番目あるいは 2 番目の C が U に変化してアミノ酸置換を起こす。
(C) コード領域内の CAA が終止コドン UAA になる。
(D) コード領域内のコドンの 3 番目の C が U に変化したため、アミノ酸置換は起さない（サイレントエディティング）。

酸配列がより保存する方向へと変わるため、RNA編集はゲノムの欠陥部分を修復する機能であるといえる。

　陸上植物の葉緑体ゲノムは120〜160 kbpの環状DNAであるが、これだけの遺伝情報では葉緑体DNAの複製・発現や葉緑体機能を完全に網羅することができないので、葉緑体で機能しているタンパク質の多く（約90%）は核ゲノムにコードされている。核ゲノムにコードされている遺伝情報は、一度mRNAに転写され細胞質のリボソームで前駆体タンパク質として翻訳される。細胞質で合成されたほとんどすべての葉緑体タンパク質の前駆体は、N末端側に通常40〜80残基のアミノ酸からなる疎水性を特徴とする**シグナルペプチド**をもっている。これらのシグナルペプチドをもつ前駆体タンパク質は、葉緑体の二重の包膜を透過して葉緑体の内部に取り込まれ、ストロマに存在するストロマプロセシングペプチダーゼ（SPP）によりシグナルペプチドの部分が切り取られ、成熟型タンパク質となる（図1-7）。核コードのチラコイド内

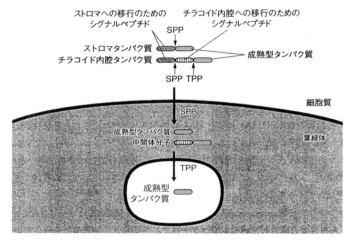

図1-7　細胞質から葉緑体へのタンパク質の輸送　（分子生物学　第2版　池上・海老原, 講談社サイエンティフィク, 2013)
　核ゲノムにコードされている遺伝情報は、細胞質でシグナルペプチドをもつ前駆体タンパク質として翻訳される。この前駆体タンパク質がシグナルペプチドの働きにより葉緑体の二重膜を通過したときに、シグナルペプチドの部分が切り取られ、成熟型もしくは中間体分子となる。チラコイド内腔タンパク質の場合は、中間体分子がさらにチラコイド内腔へ移入したときに残ったシグナルが除去され成熟型となる。
SPP: ストロマプロセシングペプチダーゼ　TPP: チラコイドプロセシングペプチダーゼ

腔タンパク質については、葉緑体の二重の包膜とチラコイド膜を透過しなければならない。そのため、細胞質で合成されたチラコイド内腔タンパク質のN末端側には、包膜透過とチラコイド膜透過に関与する2つのシグナルペプチドが並んで存在する。ストロマに移入するときにはN末端側にあるシグナルペプチドがSPPにより切り取られて中間分子となる。さらにチラコイド内腔へ移入したときにもう一方のシグナルペプチドもチラコイドプロセシングペプチダーゼ（TPP）により切り取られ、**機能をもつ成熟型タンパク質**となる（図1-7）。

　葉の緑色化に関する突然変異はメンデルの法則にしたがって子孫に伝わるのではなく、母性遺伝によってのみ伝わる。これは、卵細胞の細胞質が精細胞の細胞質よりもプロプラスチド（11ページ参照）を多く含んでいるため、母親の葉緑体形質が遺伝したためである。

C. ミトコンドリア
（1）構造と機能

　ミトコンドリアはすべての真核細胞の細胞質に存在する細胞小器官で、主な機能は、酸素呼吸によってエネルギーをATPのかたちで調達・蓄積するところにある。したがって、エネルギーの消費が大きい組織の細胞に多く見られる。

　ミトコンドリアは、内外2枚の生体膜（ミトコンドリア膜）で包まれ、内膜は柵状に突き出て**クリステ**をつくり、内膜に囲まれた部分は**マトリックス**とよばれる（図1-8）。ブドウ糖やグリコーゲンなどを呼吸基質とするときに細胞が行う呼吸は解糖系→クエン酸回路（トリカルボン酸（TCA）回路、クレブス回路）→電子伝達系の3つの反応段階からなっている（34ページ参照）。解糖系でブドウ糖から生じたピルビン酸（この反応は**細胞質基質**で行われる）は、ミトコンドリアでO_2の存在下で、完全にCO_2とH_2Oに分解され、エネルギーがATPのかたちで調達・蓄積される。この過程はクエン酸回路と電子伝達系の2つからなる。クエン酸回路で使われる酵素群はマトリックスに存在する。シトクロムなどからなる電子伝達系とATP合成酵素はミトコンドリアの内膜に組み込まれている。

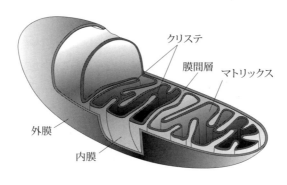

図 1-8　ミトコンドリアの構造

（2）ゲノムと遺伝子発現

　ミトコンドリアは核とは独立した環状 2 本鎖 DNA ゲノムをもっており、そのDNA はマトリックスに存在する。

　植物のミトコンドリアゲノムは、サイズ、構造、イントロンの有無、コドン使用および RNA 編集などにおいて動物のミトコンドリアゲノムと大きく違う。動物のミトコンドリアゲノムのサイズは小さく（ヒトのミトコンドリアで約 15.6 kbp）、単一環状構造をとるなど非常に単純で、遺伝子がすき間なく配置されたコンパクトな構造をしている。一方、植物のミトコンドリアのゲノムサイズは 180～2,400 kbp と大きく、ほとんどが単一環状分子ではなく、反復配列における相同組換えなどにより、サイズや構造の異なる複数の分子種が不均一に存在する状態で、非常に複雑である。植物のミトコンドリアゲノムと動物のミトコンドリアゲノムの間でコードされている遺伝子数は変わらないにもかかわらず、植物のほうが動物のものよりも大きいのは、植物のミトコンドリアゲノムには、動物のミトコンドリアゲノムには含まれていないイントロンや非コード領域あるいは反復配列が含まれているためである。

　リボソームや電子伝達系の酵素などは多くのサブユニットからなるタンパク質複合体であるが、ミトコンドリアゲノムはこれらのタンパク質をコードする遺伝子をすべてもっているわけではない。残りの遺伝子は核ゲノムにコードされており、それらは核で転写され細胞質で翻訳されたのち、ミトコンドリアに輸送される。このように、ミトコンドリアを構成しているタンパク質の大部分

は、核ゲノムにコードされており（約95%）、細胞質で合成されたのちにミトコンドリアに送られる。細胞質で合成されたほとんどすべてのミトコンドリアタンパク質の前駆体は、N末端側に**シグナルペプチド**をもっており、ミトコンドリア上の受容体と結合したのち、プロテアーゼでプロセスを受けながら取り込まれる（14ページ参照）。また、コドンは普遍暗号が使われているが、ミトコンドリアゲノムにコードされているtRNA遺伝子だけでは、すべてのコドンを読むことはできない。そのため、さらに数個のtRNAが必要で、それらは核ゲノムにコードされていて、転写後ミトコンドリアに運ばれてくる可能性が高い。

植物ミトコンドリアには、動物ミトコンドリアにはない**RNA編集（RNAエディティング）**（13ページ参照）がみられる。RNA編集はRNA分子上で特定のヌクレオチドがCからUへの変換を受けるプロセスであり、高等植物ではミトコンドリアゲノムの多くの遺伝子がこの編集を受ける。

rRNAは12S（原核生物の16S rRNAに相当）と16S（原核生物の23S rRNAに相当）の2種で、動物のミトコンドリアには5S rRNAは存在しない。植物のミトコンドリアには5S rRNAは存在する。

DNAポリメラーゼやRNAポリメラーゼなどのミトコンドリアDNAの自己複製に必要な酵素類は、すべて核ゲノムに依存している。したがってミトコンドリアDNAは自己複製できない。

一般に、高等植物ミトコンドリアゲノムには、葉緑体ゲノムと非常に高い相同性をもつ配列が存在する。このような葉緑体ゲノムのミトコンドリアゲノムへの挿入は高等植物においてはかなり一般的な現象である。

D. ミクロボディ（ペルオキシソーム）

ミクロボディは真核細胞に存在する細胞小器官で、一重の単位膜で囲まれた直径0.2～1.5 μmのほぼ球形をしている。その内部にはオキシダーゼ（過酸化水素（H_2O_2）を生成する酸化酵素）とカタラーゼ（H_2O_2を分解する酵素）が存在する。ミクロボディの共通の機能は、過酸化水素の生成を伴いながら特定の代謝物質を酸化的に分解することである。この反応は、オキシダーゼが酸素（O_2）を水（H_2O）ではなくH_2O_2に還元し、H_2O_2は強い毒性をもつが、カタラーゼはこれをH_2OとO_2に分解して無毒化する。

植物では、ミクロボディはその機能によって**グリオキシソーム**、**緑葉ペルオキシソーム**および特殊化していないミクロボディ（**非特殊化ミクロボディ**）の3種類に分類される。**グリオキシソーム**は、脂肪性種子植物（カボチャやスイカなど）の子葉あるいは胚乳などの脂肪貯蔵組織に存在し、種子が貯蔵脂肪に依存して発芽する際などの脂肪酸の代謝（β酸化による脂肪酸分解と脂質の再利用に関わるグリオキシル酸回路のコハク酸への反応）を行っている。**緑葉ペルオキシソーム**は、緑化子葉や本葉などの光合成組織に存在し、**光呼吸***におけるグリコール酸の分解とグリシンの生成に関与している。**非特殊化ミクロボディ**（グリオキシソームおよび緑葉ペルオキシソーム以外のミクロボディ）は根粒のほか、根や茎などに存在するが、その生理的機能は知られていない。

　脂肪性種子植物では、グリオキシソームと緑葉ペルオキシソームの相互変換がみられる。脂肪性種子植物の発芽直後の子葉（黄化子葉）では、グリオキシソームが存在する。さらに子葉が生育すると（緑化子葉）、光合成能を獲得し、それに伴ってグリオキシソームは消失し、緑葉ペルオキシソームが存在するようになる。緑化子葉の老化過程では、細胞内の緑葉ペルオキシソームがなくなり、グリオキシソームが再び現れる。

E. 液胞

　液胞は代謝産物の貯蓄や分解あるいは解毒、膨圧の維持に働く。液胞は若い未分化の植物細胞では認められないが、成長した植物細胞では細胞容積の大部分を占める大きさである。一重の単位膜（液胞膜）からなり、細胞液で満たされており、その液は、無機イオン、有機酸、炭水化物、タンパク質、アミノ酸、配糖体、アルカロイドなどを含んでいる。液胞膜中のイオンポンプを介して、細胞質の塩濃度やpHの調節が行われる。つまり、液胞のなかには塩分や養分、あるいは二次代謝産物や老廃物などが蓄えられており、それと同時に細胞内の環境を一定に保つ機能をもっている。

＊光呼吸は、光によって誘導される呼吸（O_2吸収、CO_2放出現象）である。光呼吸の反応系において、葉緑体、緑葉ペルオキシソームおよびミトコンドリアの3つの細胞小器官にまたがった代謝系をグリコール酸経路とよぶ。

F. 小胞体

　小胞体は、電子顕微鏡では平行した網目状にみえるが、その立体構造は一重膜で包まれた、複雑な層状をなす袋である。小胞体の形は、扁平状、膨潤した形、小胞、小管状などの形をとる。小胞体には、表面にリボソームが付着した**粗面小胞体**と、リボソームがない**滑面小胞体**とがある。小胞体の機能は、① 粗面小胞体におけるタンパク質合成、② 滑面小胞体におけるステロイド、脂質、糖などの物質代謝に関与、である。**粗面小胞体**と滑面小胞体の間には組成上の差はなく、ともにタンパク質と脂質からできている。小胞体の構造は不変ではない。粗面小胞体はタンパク質合成が盛んな細胞ほどよく発達している。しかし、粗面小胞体と滑面小胞体は、細胞の生理的機能に応じて相互に変換しうるもので、細胞には動的な態勢が備わっている。小胞体はタンパク質および脂質の貯蔵場としても使われ、さらに細胞内のこれらの物質の通路ともなっている。粗面小胞体表面のリボソームで合成されたタンパク質は小胞体に入り、ここを通って予定の場所に移動する。細胞内に存在するすべてのリボソームは小胞体と結合しているわけではなく、遊離した状態で存在するものもある。

G. リボソーム

　リボソームはRNAとタンパク質からなり、細胞が含む全RNAのうちの約80%がリボソームをつくっている。このRNAはリボソームRNAとよばれ、rRNAと略する。リボソームはタンパク質生合成の場として働く。リボソームは、原核細胞、真核細胞を問わず広く存在し、真核細胞では細胞質のみならず、ミトコンドリアや葉緑体にも存在する。真核細胞のリボソームの多くは膜と結合して粗面小胞体を形成している。原核細胞では大部分のリボソームは細胞質内に存在する。真核細胞の細胞質のリボソームと葉緑体やミトコンドリアのリボソームとは組成や大きさが異なっている。細胞質のリボソームは直径約20 nmの粒子でその沈降定数は80Sである。80Sのリボソームは、60Sと40Sのサブユニットからなり、前者には28S、5.8Sと5Sの3種類のrRNA、後者には18SのrRNAがそれぞれ1分子含まれている。葉緑体のリボソームは原核細胞型で、約20 nmの直径をもった、ほぼ楕円形の粒子である。沈降定数は70Sで、30Sと50Sの2つのサブユニットからなる。30Sの小サブユ

ニットは16S rRNAと22種類のタンパク質からなり、50Sの大サブユニットは23S rRNA、5S rRNAと36種類のタンパク質からなる。動物ミトコンドリアのリボソーム粒子の沈降定数は60Sで、直径は約20 nmである。大小2つのサブユニットの沈降定数は40Sと30Sで、前者は16S rRNAを、後者は12S rRNAを含んでいる。

H. ゴジル体

ゴジル体は、イタリアの神経組織学者のゴルジが動物細胞で発見した細胞器官であるが、植物細胞や無脊椎動物細胞でも観察される。ゴルジ体の基本的な構造は、① 扁平な薄葉様の袋、② 小胞状の小胞、③ 大きな液胞の3種類で、一重の膜で包まれている。これらはある間隔で、ふつう5〜6枚、ときには十数枚が重なっている。そしてその周辺には、扁平な袋の両端から生まれた小胞や液胞がある。植物細胞では、ゴルジ体はペクチン、ヘミセルロースおよびセルロースなどの多糖を合成し、これを細胞外に分泌して細胞壁の合成を行う機能がある。動物の分泌細胞の場合は、粗面小胞体で合成されたタンパク質は、ゴルジ体に運ばれ、ここで糖と結合して糖タンパク質となる。糖タンパク質は、ゴルジ体の扁平な袋から小胞が形成される際に濃縮されると同時に、糖タンパク質分泌顆粒として膜で包装される。この顆粒は細胞質内を移動し、細胞質を通り抜けて排出される。このような分泌過程をエキソサイトーシスとよぶ。

1.3 物質代謝における同化と異化

生体内では、化学反応によって絶えず物質の変換が行われている。これを**物質代謝**といい、**同化**と**異化**に分けられる。**同化**とは、外界から取り入れた物質を用いて生体構成物質や生命活動に必要な物質を合成する働きで、エネルギーを必要とする吸エネルギー反応である。**異化**とは、体内の有機物を簡単な物質に分解する働きで、エネルギーを放出する発エネルギー反応である。このとき

に生じるエネルギーが生命活動に用いられる。このように、物質代謝に伴うエネルギーの出入りを、**エネルギー代謝**という。植物の場合、光合成では、光エネルギーが化学エネルギーとして有機物に蓄えられる。また、呼吸では、有機物の化学エネルギーが取り出され、各種のエネルギーに蓄えられて生命活動に用いられる。これらの働きは、すべて**ATP（アデノシン三リン酸）**が仲立ちになって行われる。ATP は、すべての生物に存在し、アデニンとリボースからなるアデノシンに、3分子のリン酸が結合した高エネルギー物質である（図1-9）。ATP 分子の末端のリン酸が加水分解によって切り出されると、多量のエネルギーが放出される。このため、リン酸同士の結合は、**高エネルギーリン酸結合**とよばれる。ATP が ATPase によって ADP とリン酸に加水分解されると、ATP 1mol につき約 10 kcal のエネルギーが放出される。また逆に ATP は ADP とリン酸が結合して合成されるが、このとき、ATP 1mol につき約 10 kcal のエネルギーが取り込まれる。

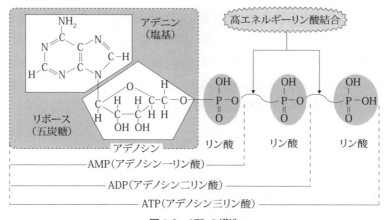

図1-9　ATP の構造

A.　光合成

　太陽の光は生物圏における共通のエネルギー源である。太陽の光を直接利用し、生物界に取り込んでいるのは緑色植物で、その働きが光合成である。

　1700 年代の後半から光合成の反応およびその機構に関する膨大な研究が行われるなか、1972 年に端を発する組換え DNA 技術により、光合成に関与す

る遺伝子の研究が急速に進んだ。リブロース 1,5-ビスリン酸カルボキシラーゼ/オキシゲナーゼ（ルビスコ）遺伝子のクローニングを皮切りに、光合成の素反応に介在するほとんどの酵素遺伝子がクローニングされ、DNA 塩基配列が決定された。その成果をもとに光合成遺伝子およびそのプロモーター領域の改変および置換が可能になり、光合成研究の方法論の新しい側面が開拓された。

（1） 光合成色素

　光合成は、緑葉の細胞内光合成器官である葉緑体で進行する。葉緑体は内外 2 枚の葉緑体膜で包まれ、内部の基質をストロマという。そこにチラコイドという内側の葉緑体膜から生じた扁平な袋状の構造が平行に並び、ところどころに小さなチラコイドが銀貨を積み重ねたようになってグラナをつくっている（12 ページ図 1-5）。チラコイドの膜には光合成に必要な酵素群やクロロフィルやカロテノイドなどの光合成色素（同化色素）、電子伝達系（水素伝達系）、そして ATP 合成酵素などが存在する。ストロマには DNA や同化デンプン粒などがみられる。**光合成色素（同化色素）** とは、光合成のエネルギー源として光を吸収する色素をいう。コケシダ・種子植物がもっている光合成色素には、**クロロフィル a と b、カロテノイド**がある。**クロロフィル a** や b は、400 nm～500 nm（紫・青部）と 640 nm～700 nm（赤部）の光を吸収する（図 1-10）。クロロフィルの化学構造を図 1-11 に示した。クロロフィルの構造は、動物の色素であるヘモグロビンとよく似ており、ヘモグロビンの Fe のかわりにクロロフィルは Mg を含んでいる。光合成にはクロロフィルやカロテノイドで吸収された光エネルギーが使われる。クロロフィル a は、細菌を除くすべての光合成生物がもっている主要な光合成色素で、光合成の中心的な役割を担っている。クロロフィル a・b、カロテノイドによって集められた光エネルギーは、反応中心のクロロフィル a に伝えられる。このエネルギーによって励起状態*になったクロロフィル a から高エネルギーの電子が放出される。高等植物ではクロロフィル a と b が約 3:1 の割合で含まれている。カロテノイドは植物に広く分布する黄・橙・赤などの補助色素で、カロテン（ニンジンに含

---

*励起状態とは、通常原子・分子の電子基底状態に対して高いエネルギーをもつ電子状態をいう。

まれる橙の色素)、トマトの赤色のリコピンやキサントフィル類(緑色の葉に含まれるルテインなど)は代表的なカロテノイドである。

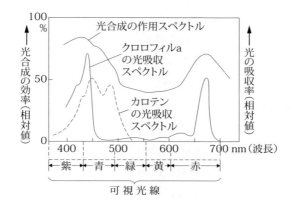

図1-10 光合成色素の吸収スペクトルと光合成の作用スペクトル

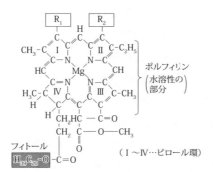

種類	R_1	R_2
クロロフィルa	$-CH=CH_2$	$-CH_3$
クロロフィルb	$-CH=CH_2$	$-CHO$
バクテリオクロロフィルa	$-COCH_3$	$-CH_3$

図1-11 クロロフィルの分子構造

（2） 光合成のしくみ

光合成とは、緑色植物が光エネルギーによって空気中の二酸化炭素（CO_2）と根から吸い上げた水（H_2O）から糖やそのほかの有機物を合成し、光エネルギーを化学エネルギーに変換して固定化することをいう。

$$6CO_2 + 12H_2O + 光エネルギー \rightarrow C_6H_{12}O_6 + 6O_2 + 6H_2O$$
$$(688 \text{ kcal})$$

光合成は、次のような順序で連続して起こる。

（I）チラコイド膜で起こる反応（明反応）

光エネルギーを使って$NADPH_2$とATPを生産する反応。

i 光化学反応：光合成で最初に起こる反応は、クロロフィルaによる光エネルギーの吸収である。この反応は温度の影響を受けない。クロロフィルa以外のカロテノイドなどの補助色素は、クロロフィルaが吸収できない波長の光を吸収して、エネルギーをクロロフィルaに渡す。クロロフィルaに光が達すると、その原子を構成している電子が光エネルギーを吸収して励起状態になり、クロロフィルaの分子は活発な状態（化学反応を起しやすい状態）に変化する。この状態のクロロフィルaを**活性クロロフィル**、または**励起クロロフィル**という。このエネルギーを得て励起状態になったクロロフィルaから高エネルギーの励起電子e^-が放出される。放出された励起電子は、チラコイド膜にある電子伝達系にとりこまれ、発生するエネルギーを使って、このあとのATP生成反応が行われる。

ii H_2Oの分解と$NADPH_2$とATPの生成：光化学反応で吸収したエネルギーを用いてH_2Oを分解してO_2を生じるとともに被還元物質（水素受容体）である**NADP**（補酵素II、ニコチン酸アミドアデニンジヌクレオチドリン酸）を還元し、**$NADPH_2$**が生成される。同時に高エネルギーリン酸結合によって**ATP**が合成される。このような光エネルギーに依存するATP合成を**光リン酸化**という。すなわち、

$$H_2O + NADP + ⓟ + ADP \xrightarrow{光} NADPH_2 + ATP + 1/2\ O_2 \qquad ⓟ：リン酸$$

こうして、CO_2を固定するための、すなわちCO_2を有機物に取り込むた

めの $NADPH_2$（還元剤）と ATP（エネルギー）とが準備される。このあと $NADPH_2$ と ATP はストロマに移動して、CO_2 の固定反応に使われる。

（Ⅱ）ストロマで起こる反応（暗反応）（図1-12）

光とは関係なく $NADPH_2$ と ATP を用いて CO_2 と H_2O からグルコースを合成する反応。

ⅲ **CO_2 の固定反応**：上述した（ⅰ）の反応で合成された $NADPH_2$ と ATP とによって、気孔から取り入れた CO_2 をグルコースなどの光合成産物に組み込んでいく反応である。この反応は**カルビン・ベンソン回路**とよばれ、ストロマに存在する多くの酵素の働きによって、次の順序で進行する。

a. CO_2 の取り込み

① 葉の気孔から取り込まれた CO_2 は、葉緑体内に入ると、炭素原子5個をもつ**リブロースビスリン酸（RuBP）**［五炭糖二リン酸（C_5）］と結合する。

② 結合してできた C_6 化合物は、すぐに分解されて2分子の**ホスホグリセリン酸（PGA）**［三炭糖リン酸（C_3）］になる。

b. ATP によるリン酸化と $NADPH_2$ による還元

③ ホスホグリセリン酸（PGA）は、反応（ⅰ）の②でできた ATP からリン酸を、$NADPH_2$ から水素（2H）を受け取って還元され、**グリセルアルデヒドリン酸（GAP）**（C_3-Ⓟ）という別の三炭糖リン酸になる。

④ このとき H_2O が生じ、葉緑体の外へ出される。

c. グルコース（$C_6H_{12}O_6$）の合成

⑤ グリセルアルデヒドリン酸（GAP）は、2分子ずつ結合して、**フルクトース二リン酸**［六炭糖二リン酸（C_6）］（Ⓟ-C_6-Ⓟ）となり、そのうちの一部がリン酸を離してグルコース（C_6 化合物）になる。

⑥ 残りのフルクトース二リン酸は、いくつかの中間生成物を経て、再びもとのリブロース二リン酸に戻り、次の反応に使われる。

カルビン・ベンソン回路では、以上の①〜⑥の反応が繰り返し行われる。これらの反応全体をまとめると、次のようになる。

$$6CO_2 + 12NADPH_2 \xrightarrow{ATP \ (ADP+Ⓟ)} C_6H_{12}O_6 + 6H_2O + 12NADP$$

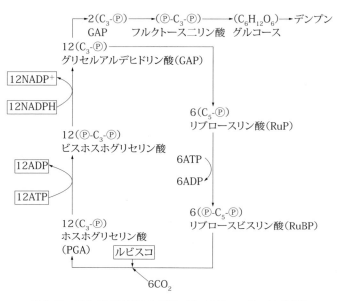

図1-12　ストロマで起こる反応（カルビン・ベンソン回路）

　カルビン・ベンソン回路で、一番重要なカルボキシル化に関与する酵素が、**リブロース1,5-ビスリン酸カルボキシラーゼ/オキシゲナーゼ（ルビスコ、Rubisco）**である。ルビスコにはリブロース1,5-ビスリン酸カルボキシラーゼとリブロース1,5-ビスリン酸オキシゲナーゼの両方の働きがある。リブロース1,5-ビスリン酸カルボキシラーゼはカルビン・ベンソン回路の初発反応であるリブロースビスリン酸（RuBP）にCO_2を付加して2分子のホスホグリセリン酸（PGA）を生成する反応を触媒し、酸素濃度が高い条件下ではリブロース1,5-ビスリン酸オキシゲナーゼがリブロースビスリン酸（RuBP）とO_2からPGAと2-ホスホグリコール酸を生成する反応（グリコール酸経路の初発反応）を触媒する。この2-ホスホグリコール酸は、カルビン・ベンソン回路の阻害剤となるため、2-ホスホグリコール酸をPGAに戻して再利用できる反応が存在するが、この過程でATPが消費され、二酸化炭素が発生する。このことから、この反応を**光呼吸**という。

　ルビスコは葉の全可溶性タンパク質のうちのかなりの割合を占め、植物種により異なるが、50〜60％も占める場合がある。ルビスコは**フラクションIタ**

ンパク質ともよばれている。高等植物のルビスコは、8つの大サブユニット（分子量 55,000）と8つの小サブユニット（分子量 15,000）からなる分子量 550,000 の巨大タンパク質である。大サブユニット遺伝子（rbcL）は葉緑体ゲノムに、小サブユニット遺伝子（rbcS）は核ゲノムにコードされている（図 1-13）。核コードの小サブユニットタンパク質は、**シグナルペプチド**がついた前駆体として細胞質で翻訳され、葉緑体内に取り込まれる際に切り離されて成熟した形になる。

　これまでに述べたような反応によって光合成を行う植物は、CO_2 がリブロースビスリン酸（C_5 化合物）に取り込まれて、最初にできる安定な産物がホスホグリセリン酸（PGA、C_3 化合物）になることから **C_3 植物** とよばれる。

　植物は、光合成の炭素固定経路の違いによって、C_3 植物、C_4 植物、CAM 植物に分類される。**C_4 植物**では、葉のなかに葉肉細胞と維管束鞘細胞という2

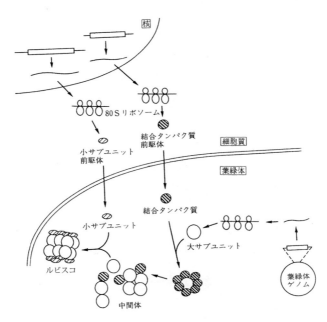

図 1-13　リブロース 1,5-ビスリン酸カルボキシラーゼ / オキシゲナーゼ（ルビスコ）の合成
　　　　　（植物工学概論　森川・入船，コロナ社，1996）
　葉緑体のリブロース 1,5- ビスリン酸カルボキシラーゼ / オキシゲナーゼ（ルビスコ）は小サブユニット（核の染色体 DNA がコード）と大サブユニット（葉緑体 DNA がコード）各8量体ずつが葉緑体内で会合してできあがる。

種類の光合成細胞がある。葉の気孔から取り込まれたCO_2は、葉肉細胞に存在するホスホエノールピルビン酸カルボキシラーゼによって**C_4ジカルボン酸回路**のホスホエノールピルビン酸と反応して**C_4ジカルボン酸（オキサロ酢酸）**を合成する。生じたオキサロ酢酸はリンゴ酸デヒドロゲナーゼによって還元されてリンゴ酸になる。リンゴ酸は維管束鞘細胞の葉緑体に移行し、そこで脱炭酸される。同時に生成されたC_3化合物は、葉肉細胞に戻り、ピルビン酸リン酸ジキナーゼの働きで、**ホスホエノールピルビン酸（PEP）**へと再生される。維管束鞘細胞で放出されたCO_2はルビスコによってカルビン・ベンソン回路に取り込まれ、ショ糖やデンプンが合成される（図1-14）。このように、C_4植物では2種類の光合成細胞の間で**C_4ジカルボン酸回路とカルビン・ベンソン回路**が協調的に働き、光合成を完結する。C_4光合成では、前半の反応はCO_2の濃縮機構として働き、この結果、C_4植物はC_3植物に比べて高い光合成能を発揮する。このような反応を行うC_4植物には、熱帯原産のイネ科のサトウキビやトウモロコシなどがある。C_4植物は、C_3植物と比較すると、光合成速度が2倍、蒸散速度が1/2であるので、C_4植物は強い日射のもとで、高温

1) C_4植物

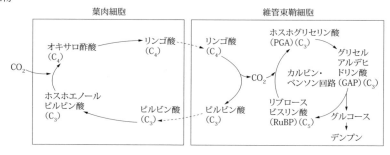

2) C_3植物

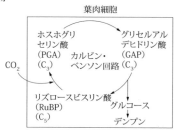

図1-14　C_4植物とC_3植物の光合成の基本機構の比較

表1-1 C_4植物とC_3植物の生理学的、形態学的特徴の比較

	C_4植物	C_3植物
光合成細胞	維管束鞘細胞と葉肉細胞	葉肉細胞
CO_2固定系	C_4回路＋カルビン・ベンソン回路	カルビン・ベンソン回路
CO_2固定の初期産物	C_4化合物	C_3化合物
最大光合成能力	高い	低い
光合成の光補償点	高い	低い
CO_2補償点	低い、温度に無関係	高い、温度に関係する
見かけの光合成の最適温度	30〜45℃	10〜25℃
蒸散	少ない	多い

や水分の欠乏条件によく耐える植物である（表1-1）。

　もう1つはCAM植物で、**ベンケイソウ型有機酸代謝**を行う植物をいう。CO_2固定と有機物の合成を1日のうちの異なる時間に行っている。夜間CO_2は、ホスホエノールピルビン酸カルボキシラーゼによって、デンプンの分解によって生じたホスホエノールピルビン酸と反応してオキサロ酢酸を合成する。生成したオキサロ酢酸はリンゴ酸デヒドロゲナーゼによってリンゴ酸に還元され、細胞の液胞内に蓄積する。昼間蓄積していたリンゴ酸は細胞質に移り、リンゴ酸デヒドロゲナーゼにより脱炭酸される。このとき生じるCO_2はカルビン・ベンソン回路の基質となり、カルビン・ベンソン回路を経てデンプンが合成される（図1-15）。C_4植物では、2種類の光合成細胞の間で2つの回路を空間的に分離して働かせているのに対して、CAM植物では単一の光合成細胞によって2つの回路を夜間と日中とで時間的に分けて働かせていることにな

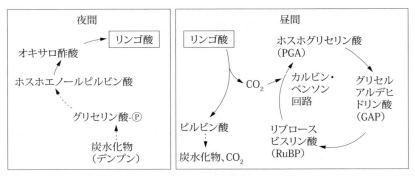

図1-15　CAM植物におけるCO_2固定機構

る。CAM植物は、ベンケイソウ科、サボテン科、キク科、トウダイグサ科およびユリ科に属する多肉植物で多く見られる。

(3) 光合成産物のゆくえ

双子葉植物では、光合成によってできたグルコース（ブドウ糖）は、葉緑体のストロマ中ですぐにデンプンになる。このデンプンを**同化デンプン**という。同化デンプンは、葉緑体のストロマ中に一時貯蔵されるが、通常は夜の間に、再びグルコースに分解されて、葉緑体の外でショ糖になり、師管を通って各組織や器官に運ばれる。これを**転流**という。転流によって運ばれてきたショ糖は、次のようなものに使われる。① 各組織の細胞で呼吸基質として使われるほか、タンパク質や核酸など、ほかの物質をつくる材料となる。② 種子や根などの貯蔵器官では、再びデンプンに変えられて貯蔵される（**貯蔵デンプン**）。

単子葉植物では、同化デンプンは合成されずグルコースのままか、ショ糖のような二糖類がつくられる。このような葉を**糖葉**いう。糖葉でつくられた糖類は、そのまま師管を通って各組織や器官に運ばれ、そこで呼吸基質として使われるほか、ほかの物質をつくる材料となる。また、種子や鱗茎では貯蔵デンプンとなる。

(4) 光合成に影響を与える環境要因

光合成速度に影響を与える環境要因には、光合成の材料である水と二酸化炭素、エネルギー源の光、それに化学反応速度を支配する温度がある。

(ⅰ) 単独要因と光合成

光合成速度に影響を与える環境要因について、1つの要因を除いたほかの要因を十分な状態にしておき、その1つの要因と光合成速度の関係を調べると、次のようになる。

① 光の強さ（図 1-16A）

　　ある光量までは、光の強さが強くなるほど、光合成速度は大きくなる。ある強さの光量以上になると、光合成速度は平衡に達し、それ以上増大しなくなる。このときの光の状態を**光飽和**という。

② 二酸化炭素濃度（図 1-16B）

あるCO₂濃度までは、CO₂濃度が高くなるほど、光合成速度は大きくなる。あるCO₂濃度以上になると、光合成速度は平衡に達し、それ以上増大しなくなる。このときのCO₂濃度を**CO₂飽和点**という。大気中のCO₂濃度は約0.035%であるが、わが国を含む温帯の環境条件では、このほぼ10倍（0.3%）まではCO₂濃度の増大に伴って光合成速度は大きくなる。

③ 温度（図1-16C）

温度が極端に低い場合には、光合成は行われない。温度が上昇するに伴って光合成速度が上昇し、30℃付近までは温度が高くなるにつれて上昇する。しかし、それ以上になると、光合成速度は急速に低下していく。

④ 水

植物体内に水が不足すると、光合成速度は低下する。これは、光合成の材料となる水そのものの不足によるものだけでなく、むしろ、植物体が水の蒸発を抑えようとして気孔を閉じたために、空気中のCO₂が葉のなかに入らなくなったことによるものである。

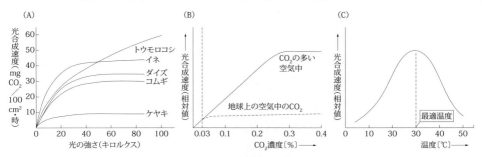

図1-16　いろいろな植物における光強度と光合成の関係（CO₂濃度：300 ppm、温度：それぞれの植物の最適温度）（A）、二酸化炭素濃度と光合成の関係（B）、温度と光合成の関係（C））

(ii) 2つの環境要因と光合成

① 光と二酸化炭素濃度の2つの要因と光合成（図1-17 A）

温度を一定にして、光の強さとCO₂濃度を変化させると、光合成速度は次のようになる。CO₂濃度が低いとき、光の強さに関係なく、CO₂濃度の増加に伴って光合成速度も増大する。これは、CO₂の固定反応（カ

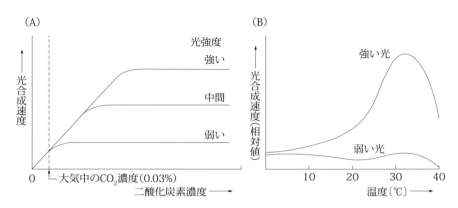

図 1-17　光強度と温度の 2 つの要因と光合成の関係（材料：オオムギ、CO_2 濃度：一定）(A)
　　　　光強度と CO_2 濃度の 2 つの要因と光合成の関係（材料：オオムギ、温度：一定）(B)

ルビン・ベンソン回路）量が CO_2 濃度によって制限されているためである（CO_2 濃度が限定要因である）。CO_2 濃度が高いときには、光の強さが限定要因となる。**限定要因**とは光合成速度に影響を与える要因のなかでもっとも不足している要因のことをいう。

② 光と温度の 2 つの要因と光合成（図 1-17B）

CO_2 濃度を一定にして、光の強さと温度を変化させると、光合成速度は次のようになる。弱い光のとき、温度が上がっても光合成速度はほとんど変化しない。これは、光によって光化学反応が制限されているためである（光の強さが限定要因である）。強い光のときは、30℃くらいまでは、温度の上昇に伴って光合成速度は増大するが、30℃を過ぎると減少する。この場合の限定要因は温度である。

(5)　光合成量と呼吸量

植物は、光合成によって CO_2 を吸収するとともに、呼吸によって CO_2 を排出する。したがって、外界からの CO_2 吸収量で光合成を測定した場合、その値は、呼吸による CO_2 排出量を差し引いた**見かけの光合成量**でしかない。実際に植物が行った真の光合成量は、測定値（見かけの光合成量）と呼吸量を合わせた値である。なお、呼吸量は暗黒時の CO_2 呼吸量で求めることができる（図 1-18）。

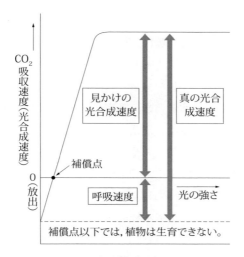

図 1-18　光合成量と呼吸量との関係
真の光合成量＝見かけの光合成量＋呼吸量

　植物を暗室に入れ、植物に当てる光の強さを少しずつ強くしていくと、光合成量と呼吸量の関係は図 1-18 のようになる。呼吸によって排出される CO_2 量と、光合成によって吸収される CO_2 量とが等しくなり、見かけ上の CO_2 の出入りがなくなるときの光の強さを**補償点**という。植物は補償点以下の光の強さでは生育し続けることはできない。CO_2 吸収量（光合成量）が頭打ちになるときの光の強さを**光飽和点**という。光飽和点を過ぎると、光の強さを強くしても CO_2 吸収量は変化しない。

　植物の補償点と光飽和点は種によって異なる。補償点と光飽和点が高い植物を**陽生植物**（アカマツ、シラカバ、ススキなど）といい、強光下での光合成が盛んで、日なたの生活に適している。補償点と光飽和点が低い植物を**陰生植物**（ブナ、シダ、コケ、ドクダミなど）といい、補償点と光飽和点が低いため、比較的弱い光のもとでも生育可能で、日陰の生活に適している。

B. 呼吸代謝

　多くの植物で、一般組成が $[CH_2O]_n$ の炭水化物が、呼吸代謝でもっとも重要な呼吸基質として用いられる。炭水化物は単糖類にまで分解されて呼吸基質として利用される。単糖類であるグルコース（ブドウ糖）の好気的全分解の全

反応は、光合成の際のグルコースの生成式の逆として式化できる。**好気呼吸**では、酸素を用いて呼吸基質を分解し、遊離するエネルギーによってATPを合成する。光合成の場合、38ATPのかわりに688 kcalの光エネルギーが使われる。

$$C_6H_{12}O_6 + 6O_2 + 6H_2O \rightarrow 12H_2O + 6CO_2 + 38ATP$$

グルコースを呼吸基質とするとき、細胞が行う呼吸の全段階は、**解糖系→クエン酸回路→電子伝達系（水素伝達系）** の3つの反応段階からなっている。

(ⅰ) **解糖系**（図1-19）グルコースやグルコースに変換されるすべての炭水化物が、**解糖系**で、1分子のグルコースが2分子のピルビン酸にまで分解される。そして2分子のATPが消費されて4分子のATPが合成され（差し引き2分子のATPが合成される）、**脱水素酵素（デヒドロゲナーゼ）** による脱水素反応によって2分子のNDPHが生成される。解糖系は酸素を必要とせず、**細胞質基質（サイトゾル）** で次のようにして起こる。

a. ATPによるグルコースのリン酸化

グルコースは、そのままでは安定した物質である。そこで、2分子のATPによってグルコースをリン酸化し、化学反応を起しやすくする。グルコースはATPのリン酸と結合して、**フルクトース二リン酸**（Ⓟ-C_6-Ⓟ）になる。

b. ピルビン酸の生成と4ATPの生産

フルクトース二リン酸は分解されて2分子のグリセルアルデヒドリン酸（C_3-Ⓟ）となり、それぞれが**脱水素反応**を経て、さらに**ピルビン酸**（C_3）にまでなる。この間に、次のようにして2分子のNADHと4分子のATPがつくられる。

① 脱水素反応は、脱水素酵素の働きによって起こる。放出された水素原子は、脱水素酵素の補酵素NADに渡され、NADHとなってミトコンドリアに入り、後述の電子伝達系で使われる。

② グリセルアルデヒドリン酸が、リン酸転移酵素（ホスホトランスフェラーゼ）の働きで高エネルギーリン酸（〜Ⓟ）を放出してADPに渡すことにより、ATPが合成される。グリセルアルデヒドリン酸1分子あたり2分子のATPがつくられるので、ここでは合計4分子のATPがつくられる。

(ii) **クエン酸回路**（図 1-20）　**TCA 回路**や**クレブス回路**ともいう。植物のミトコンドリアの炭素代謝は、ほかの真核生物と同様に、クエン酸回路によって行われる。クエン酸回路は、回路の出発物質がクエン酸であることからこのようによばれる。そして、この過程で合成された NADH や $FADH_2$ の電子がミトコンドリア内膜の電子伝達系に渡される。クエン酸回路は、ミトコンドリアの**マトリックス**内で行われる。

① 解糖系で生じたピルビン酸（C_3）はミトコンドリアに入り、**アセチル CoA** となる。その過程で、2 分子の **NADH** が生成され、脱炭酸酵素の働きによって 2 分子の CO_2 が放出される。
② **アセチル CoA** はクエン酸回路に入り、**オキサロ酢酸**（C_4）と結合して**クエン酸**（C_6）となる。
③ クエン酸は、脱水素反応や脱炭素反応、H_2O の添加などを受けながら分解され、クエン酸（C_6）→イソクエン酸（C_6）→ α-ケトグルタル酸（C_5）→コハク酸（C_4）→フマル酸（C_4）→リンゴ酸（C_4）となり、最後にオキサロ酢酸（C_4）となる。
④ このオキサロ酢酸は、再びアセチル CoA と結合してクエン酸になり、また回路反応に入る。

2 分子のピルビン酸がクエン酸回路を一巡する間に、6 分子の CO_2 が放出され、8 分子の **NADH**、2 分子の $FADH_2$、2 分子の **ATP** が生成される。

(iii) **電子伝達系**　電子伝達系は、クエン酸回路で生成された NADH や $FADH_2$ から最終電子受容体である酸素分子へと電子を伝達する過程である。この電子伝達の結果、H^+ はマトリックスから膜間腔（外膜と内膜の間）に放出され、内膜の内外に生じたプロトン勾配を利用して ATP 合成酵素が ADP と無機リン酸から **ATP** の合成を行う。このとき、ATP 合成酵素は ADP と無機リン酸から最大 34 分子の ATP を合成する（**酸化的リン酸化**）。H^+ はシトクロム酸化酵素複合体の働きによってエネルギーを失った電子を受け取り、さらに酸素と結合して水（H_2O）になる。これまでの動物での研究から、電子伝達系は電子伝達に関わる 4 つの複合体（複合体 I〜IV）と ATP 合成に関わる複合体（複合体 V）からなることがわかっている。植物の場合、すべてではないがほとんどの植物の場合、これらに加えて NADH 脱水素酵素阻害物質であるロテインに

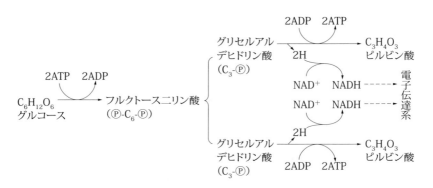

図 1-19　解糖系

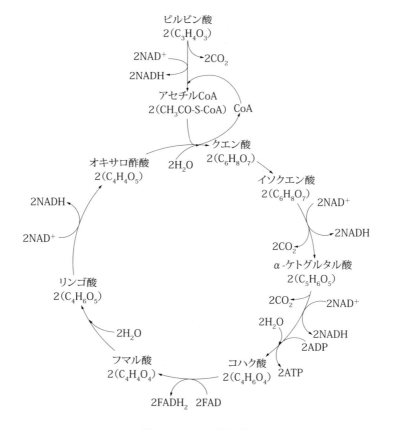

図 1-20　クエン酸回路

非感受性NADH脱水素酵素やシアン耐性経路が存在する。

好気呼吸では、炭水化物以外にタンパク質が呼吸基質として使われる。タンパク質はアミノ酸に分解され、さらに脱アミノ化され、アミノ酸の種類に応じた各種の有機酸（ピルビン酸、オキサロ酢酸、α-ケトグルタル酸）ができる。その有機酸が呼吸基質となって、解糖系やクエン酸回路の途中から入る。

C. 窒素同化作用

高等植物が、根から吸収した硝酸イオン（NO_3^-）やアンモニアイオン（NH_4^+）などから、アミノ酸をつくる働きを**窒素同化作用**という。このような窒素同化作用は植物だけが行うことのできる働きで、窒素同化作用によってできたアミノ酸から、タンパク質、酵素、核酸、クロロフィル、ATPなどがつくられる。アミノ酸の合成には、上で述べたように地中に溶けて存在している硝酸イオン（NO_3^-）やアンモニアイオン（NH_4^+）を窒素源として利用し、炭素源としては、好気呼吸の過程で生じるα-ケトグルタル酸やオキサロ酢酸などの有機酸（R-COOH）が使われる。有機酸にアミノ基（$-NH_2$）が結合すれば、アミノ酸になる。

（1） 窒素同化作用のネットワーク

植物における窒素同化作用のネットワークについて図1-21に示した。生物の遺体や排出物中の多量のタンパク質は地中の腐敗細菌によって分解されて、アンモニアイオン（NH_4^+）になる。植物はこのNH_4^+か、NH_4^+が**硝化細菌（亜硝酸菌と硝酸菌）**の**硝化作用**によって酸化されてできた硝酸イオン（NO_3^-）を、水に溶けた状態で根から吸収し、道管を通して葉まで運ぶ。窒素同化に直接使われるのはNH_4^+だけである。そこで、NO_3^-は、植物体内で還元酵素によって還元され、亜硝酸イオン（NO_2^-）を経てNH_4^+になる。葉まで運ばれてきたNH_4^+は、グルタミン合成酵素の働きによって**グルタミン酸**と結合して**グルタミン**となる（図1-21）。これが窒素同化作用によってできる最初のアミノ酸である。また、この反応によって、NH_4^+はグルタミンのアミノ基（$-NH_2$）となる。グルタミン以外のアミノ酸は、呼吸で生じた各種の有機酸に、グルタミンから逆に生じたグルタミン酸由来のアミノ基が転移するこ

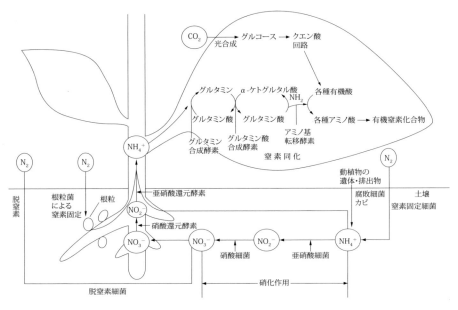

図 1-21　植物における窒素化合物の循環

とによってつくられる。すなわち、グルタミンと、呼吸の中間産物であるα-ケトグルタル酸から2分子のグルタミン酸ができ、グルタミン酸のアミノ基が**アミノ基転移酵素（トランスアミラーゼ）**の働きによって各種の有機酸（ケト酸）に転移され（**アミノ基転移反応**）、各種のアミノ酸がつくられる。（NH_4^+がグルタミン酸に結合してグルタミンを生じ、次いで、グルタミンとα-ケトグルタル酸から2分子のグルタミン酸がつくられる。この反応をグルタミン酸サイクルという）例えば、グルタミン酸からはずれたアミノ基と結合したオキサロ酢酸は、アスパラギン酸になる。また、アミノ基がはずれたグルタミン酸はα-ケトグルタル酸に戻る。アスパラギン酸のアミノ基は、アミノ基転移反応によって、さらにほかの有機酸（ケト酸）と結合して、いろいろなアミノ酸を合成する。これらのアミノ酸はペプチド結合して、種々のタンパク質になる。また、核酸のDNAやRNA、呼吸色素シトクロムの色素部分ヘム、同化色素クロロフィル、ATPのアデニン塩基部分などをつくる材料となる。

（2） 空中窒素の固定

　窒素（N_2）は大気中の約 80 % を占めているにもかかわらず、しばしば植物は窒素欠乏に陥る。高等植物は土壌中の硝酸やアンモニアは同化できても、大気中の窒素をそのまま利用することはできないからである。しかし、**窒素固定細菌**は空気中の窒素（N_2）をアンモニアに固定することができる。窒素固定細菌には、アゾトバクター（*Azotobacter*）、アゾスピリルム（*Azospirillum*）などがある。また、ある種のラン藻も窒素固定を行う。

　エンドウ、ダイズ、クローバーなどのマメ科植物は、窒素分の少ない土地でも成長することができる。これは、マメ科植物の根に**根粒菌**（*Rhizobium*）が共生しており、窒素分子がアンモニアに還元されるためである。この過程を**窒素固定**という。その後、アンモニアはアミノ酸の一種であるグルタミン酸の形で取り込まれ、アミノ酸や核酸など生体内において窒素を供給する（上述）。根粒菌がマメ科植物の根毛に感染すると、腫瘍のような根粒を形成する。根粒には**バクテロイド**とよばれる特別に分化した器官が存在し、そこには運動性、生殖性を失って肥大した根粒菌が存在する。このバクテロイドに**ニトロゲナーゼ**が存在する。植物は光合成で得たエネルギーを細菌に提供し、根粒菌は窒素固定に必要な酵素（ニトロゲナーゼ）を発現する。この酵素は電子供与体とATPの存在下で、分子状の窒素がアンモニアに還元される反応を触媒する。これを共生的窒素固定という。この化学式は以下のようになる。

$$N_2 + 8H^+ + 16ATP + 16H_2O + 8e^- \rightarrow 2NH_3 + H_2 + 16ADP + 16Pi$$

（Pi：無機リン酸）

この反応でつくられた NH_3 からグルタミンを、グルタミンからグルタミン酸を合成し、この両者がほかの全アミノ酸と有機窒素化合物に窒素を供給する。

　根粒菌の遺伝子として *nif* 遺伝子と *nod* 遺伝子がある。これらの遺伝子は共生プラスミドとよばれるプラスミド上にコードされている。*nif* 遺伝子は根粒菌の窒素固定に関わる遺伝子群で、ニトロゲナーゼをはじめとする分子状窒素の固定に関わるタンパク質をコードしている。マメ科植物は、根粒菌がマメ科植物の根に感染する過程で、根粒菌の出す Nod ファクターとよばれる物質に応答する。Nod ファクターの基本構造は *N*-アセチルグルコサミンを含む糖鎖に脂肪酸が結合した構造である。この Nod ファクターの合成に関与する一連

の遺伝子を nod 遺伝子という。根粒菌とマメ科植物の間には宿主特異性がある。Nod ファクターの構造は根粒菌の種によって異なるため、Nod ファクターの基本構造の違いが、根粒菌が宿主特異性を示す要因の1つであると考えられている。

土壌中の NO_3^- は、脱窒素細菌によって窒素 N_2 に変えられて大気中に放出される。この反応を**脱窒素**という。

 1.4 植物の生殖、発生と恒常性の維持

種子植物は、種子の発芽にはじまり、根をおろして茎葉を茂らせ、やがて、花をつけて種子を結ぶ。栄養成長期には葉が発達し、光合成により生成されたエネルギーにより植物体の構築とそのエネルギーの貯蔵が行われる。植物のような多細胞生物では、体細胞の分裂と肥大によってからだは成長していく。一定期間の栄養成長ののち、光や温度などの外界の環境が適切になると生殖成長へと発生プログラムを変換し、生殖器官である花を分化させ、そして開花結実する。自ら移動することができない植物は、この機構によって、光や温度など目まぐるしく変わる外部環境に適応し、効率よく繁殖することができる。

多くの植物は1つの花のなかに雄しべと雌しべの両方をもっている。この構造は確実に子孫を残すために都合のよい構造であるが、一方では自家受粉が起こりやすいため遺伝的多様性が減少し、さらに奇形や子孫維持が困難な個体が増える。種内の遺伝的多様性を保もたなければ、変化する環境に適応して種の保存と繁栄を維持することが困難となる。そのため、植物は、遺伝的多様性を保つため、自家受精が起こらないような機構を発達させてきた。それが自家不和合性である。

A. 体細胞分裂とその過程

高等植物のような生物体を構成している細胞を**体細胞**という。高等植物のような多細胞生物では、体細胞の分裂と肥大によってからだは成長していく。体

細胞が分裂して、新しい2つの娘細胞になる現象を**体細胞分裂**という。体細胞分裂では核分裂（染色体の分配）が細胞質分裂に先行して起こる。これにより、核をはじめ細胞小器官が2個の娘細胞に分配される。したがって、個体を構成するすべての体細胞の遺伝情報は全く同じである。

　多細胞生物が成長するための体細胞の分裂は、分裂組織の細胞で起こる。高等植物では、この分裂は、茎頂分裂組織、根端分裂組織や形成層で盛んに行われ、それによって茎や根が伸長し、新しい葉が形成される。分裂組織の細胞は、分裂をしている時期（分裂期）と分裂をしていない時期（分裂間期）を繰り返しており、これを**細胞周期**という。

　植物細胞と動物細胞の体細胞分裂の過程はよく似ている。細胞周期は**分裂間期**の G_1 期、S 期、G_2 期、と分裂期の M 期の4つの過程からなる（図 1-22）。S 期は、DNA の倍加のための複製が行われる時期で、**G_2 期**には、DNA の複製が完全かどうかなどをチェックする。**G_1 期**には細胞自体が生育しサイズが増大する。M 期に入ると染色体が凝集し、S 期の間に2倍になった DNA が2つの娘細胞に分配される。M 期は、染色体の形や動きによって4段階の時期（**前期、中期、後期、終期**）に分けられている。前期には、染色体、**極帽**（動物の場合の中心体に相当）や**紡錘糸**が形成され核膜が崩壊する。染色体は太く短く

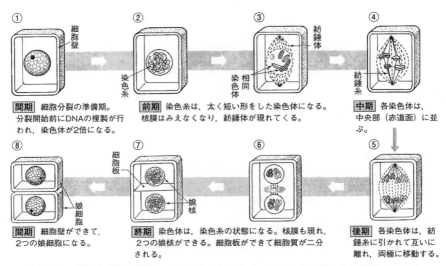

図 1-22　体細胞分裂の過程　（植物バイオテクノロジー　古川他，実教出版，2015）

なり、縦列して2つの**染色分体**からなる。中期には、染色体が細胞の中央部（赤道面）に配列する。後期には、染色体が分離し、両極へ移動を始める。終期には、核が再構成されるとともに、細胞質分裂が始まるが、その様子は植物細胞と動物細胞とでは異なる。植物細胞の場合には、紡錘体の中央に**細胞板**という仕切りができ、それが外側に伸びることによって2つの細胞に分離する。動物細胞の場合は、赤道面上の細胞表面の細胞膜にくびれが生じ、細胞質が2分する。

B. 被子植物の減数分裂と生殖細胞の形成

被子植物では花を形成して有性生殖を行う。

被子植物のうち、もっとも典型的な花である両性花（1つの花中に雄ずいと雌ずいを共にもつ花）は次の器官から構成される。

① 花は花被によって包まれる。**花被**とは、がく（がく片）と花冠（花片）との総称。

② **雄ずい**は花糸と薬とから構成される。薬には4つの花粉嚢がある。雄ずいはまとめて雄ずい群ともいう。

③ **雌ずい**のなかに胚珠が形成される。

有性生殖を行う高等な生物では、体細胞から生殖細胞（配偶子）が形成されるときに起きる細胞分裂を**減数分裂**とよぶ。減数分裂は、被子植物では雄ずいの薬のなかにある雄性配偶子（花粉）のもととなる**花粉母細胞**、および雌ずいの胚珠の内部にある、雌性配偶子（胚のう）のもととなる**胚のう母細胞**で行われる（44ページ参照）。減数分裂によって、細胞の核相が複相（$2n$）から単相（n）に半減する。そのため、減数分裂では、相同染色体が対合し、2回の連続した核分裂（第1減数分裂および第2減数分裂）が起こる。

細胞が体細胞分裂を停止し、減数分裂を開始するまでの時期を間期といい、これはいわば減数分裂の準備期で、G_1 期、S 期、G_2 期からなる。減数分裂は、この間期と分裂期の M 期からなる（図1-23）。**M 期**は4段階の時期（**前期、中期、後期、終期**）に分けられる。

第1減数分裂に先だってS期に起こるDNAの複製によって、減数分裂開始時の核内のDNA量は一時的に2倍となる。第1減数分裂では、体細胞分裂と

1.4 植物の生殖、発生と恒常性の維持

は異なり、もともと母親と父親に由来する相同染色体が向き合って対合し**二価染色体**を形成する。二価染色体は**紡錘糸**によって両極に牽引され、2個の娘核に分かれる。ただし、体細胞分裂で生じた娘細胞とは全く異なり、対をなさない倍加した相同染色体、すなわち同じセットのゲノムを2コピー含む細胞となる。続いて間期とDNA合成期を経ず、対になった $2n$ の染色体が第2減数分裂により単相（n）の細胞が形成される。

　二価染色体が形成されるときに、染色分体の一部に交叉が起こり、染色体の一部が交換された（**染色体の乗換え**）結果として遺伝子の組換えが起こる。この交叉が起こっている部分を**キアズマ**という。減数分裂によってできる配偶子は、相同染色体の分配の仕方と染色体の交叉（乗換え）によって多様な遺伝子の組み合わせをもった配偶子が形成される。

　被子植物の花粉は、つぼみのなかにある雄ずいの葯のなかで、花粉母細胞の減数分裂によって生じる。ごく若い雄ずいのなかにある多数の**花粉母細胞**（$2n$）は、それぞれが、いっせいに減数分裂を行い、1個の花粉母細胞から4個の未熟な花粉（花粉四分子）ができる（図1-24）。それぞれの未熟花粉は、

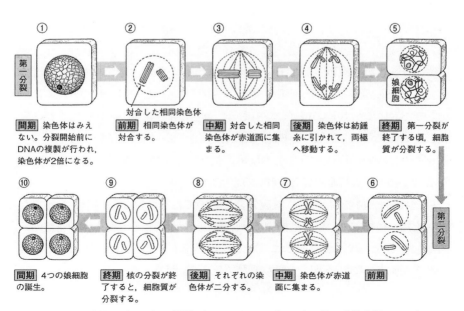

図 1-23　減数分裂の過程　（植物バイオテクノロジー　古川他，実教出版，2015）

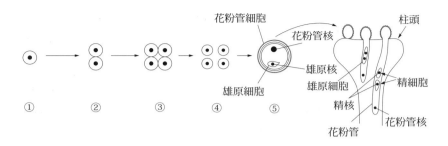

図1-24　花粉形成と花粉管の発芽の模式図
① 花粉母細胞（2n）　②→④ 花粉母細胞は減数分裂をして4個の半数性細胞（小胞子）（n）となる。当初小胞子は4個が離れず四分子をつくるが、多くの植物ではそのあとに離れる　⑤ 小胞子は不等分裂して、花粉管細胞（成熟した花粉）ができる

核分裂を1回行って、**雄原細胞**（n）と**花粉管核**（n）をもつ**花粉管細胞**とからなる成熟花粉になる（図1-24）。雄原細胞は細胞質をわずかしかもっていない細胞で、花粉管細胞内に存在する。花粉が雌ずいの柱頭につくと、発芽して花粉管を生じ、そのなかで雄原細胞は分裂して2個の**精細胞**になる（図1-24）。

　被子植物の**胚のう**は、雌ずいのなかで**胚のう母細胞**の減数分裂によって生じる（図1-25）。雌ずいの子房内にある胚珠のなかには胚のう母細胞（2n）が1個あり、これが減数分裂して4個の細胞（n）となる。そのうち、3個は退化して消失し、残る1個が成長して胚のう細胞（n）となる。胚のう細胞は核分裂を3回行い、8個の核（いずれもn）をもつようになる。8個のそれぞれの核をもとにして、1個の**卵細胞**（n）とその両側にある2個の**助細胞**（n）、卵細胞とは反対の極にある3個の**反足細胞**（n）、中央にあって**極核**（n）2個をもつ1個の**中央細胞**ができ、**胚のうが完成する**。

　植物細胞と動物細胞では、減数分裂においても細胞質の分裂の仕方が異なる。また、植物でも、単子葉植物では、第1分裂が終わると直ちに細胞質の分裂が起こるが、双子葉植物では、第2分裂が完了したあとに、初めて細胞板の形成が始まって、一挙に4個の細胞（4分子）ができる。

1.4 植物の生殖、発生と恒常性の維持

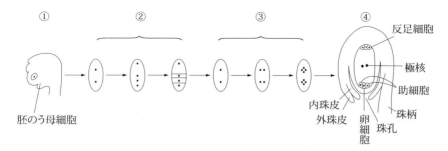

図 1-25 胚のう形成の模式図
① 子房中の胚珠のなかの胚のう母細胞 ② 胚のう母細胞の核が 2 回分裂して 4 個の核（n）が生じる。3 つの核は消失、1 個の胚のう細胞ができる ③ 生き残った 1 個の胚のう細胞の核が 3 回分裂して 8 個の核（n）ができる ④ 1 つの卵細胞、2 つの助細胞、2 つの極核と 3 つの反足細胞ができ、成熟した胚のうになる

C. 被子植物の受精

被子植物の受精は、卵細胞と中央細胞の極核の 2 カ所でほぼ同時に起こり、**重複受精**とよばれる（図 1-26）。花粉が柱頭につくと、花粉は発芽し、柱頭内部へ花粉管を伸ばす。花粉管内部では雄原細胞が分裂して 2 個の**精細胞**（n）となる。花粉管が珠孔を通って胚のうに達すると、花粉管の先が破れて、精細胞が胚のう内に放出される。2 個の精細胞のうちの 1 個は、卵細胞と受精して

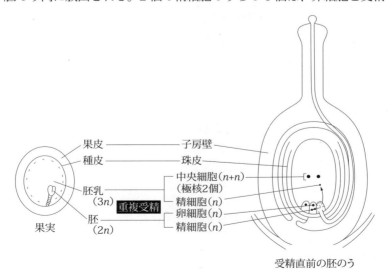

図 1-26 重複受精と種子の形成

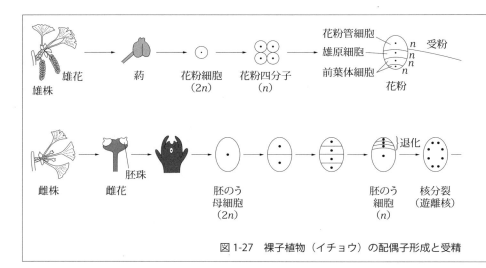

図 1-27　裸子植物（イチョウ）の配偶子形成と受精

受精卵（$2n$）となる。そして、もう 1 個の精細胞は中央細胞と受精する。このとき精細胞の核（n）は、中央細胞の 2 個の極核（$n+n$）と合体して**胚乳核**（$3n$）となる。

D.　裸子植物の生殖細胞の形成と受精

裸子植物では、被子植物のような重複受精は行われず、胚のう内に**造卵器**ができるのが特徴である。裸子植物の生殖細胞の形成と受精をまとめると、次のようになる（図 1-27）。

a.　花粉の形成
①　雄花の葯のなかで、**花粉母細胞**（$2n$）が減数分裂をして 4 個の未熟花粉（n）となる。
②　成熟した花粉は雌花の胚珠に付き、そこでさらに成熟してから花粉管を伸ばす。
③　多くの裸子植物では花粉管に**精細胞**（n）がつくられるが、イチョウとソテツの花粉管では**精子**（n）がつくられる。

b.　卵細胞の形成
①　**胚珠**のなかで、**胚のう母細胞**（$2n$）が減数分裂して**胚のう細胞**（n）

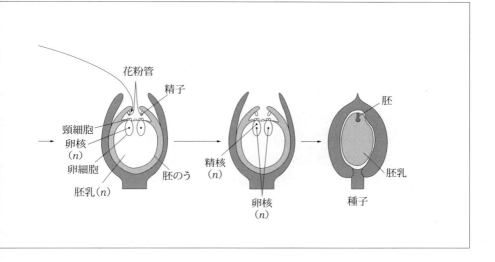

　　となる。この細胞が発達して**胚のう**が形成される。
② 胚のう内に数個の**造卵器**ができる。
③ 各造卵器に1個ずつ**卵細胞**（n）ができる。
c. 受精卵の形成
① 精細胞または精子は卵細胞と受精し、**受精卵**（2n）となる。受精卵は成長して**胚**（2n）となるが、1個の胚のう中で胚にまで成長する受精卵は1個だけである。
② 胚のうは単相（n）のまま**胚乳**となる。重複受精は起こらない。

E. 自家不和合性とその機構

　花粉および胚のうが正常な機能をもっているのに、生理的な原因からその間に受精が行われないことがある。これを**不和合性**いう。不和合性には自家不和合性と他家不和合性（または交雑不和合性）とがあり、植物界にかなり広く見出される性質で、受粉を行っても花粉が発芽しなかったり、花粉管の花柱へ侵入ができなかったりして受精できない場合がある。**自家不和合性**とは、花粉も胚のうも正常なのに、自家受粉したときに花粉管の伸長が抑制されて受精ができず、自分以外の花粉で受精することができる性質をいう。近親交配を抑制

し、遺伝的な多様性を高めるためで、被子植物の半数以上の種が、この自家不和合性をもつといわれている。しかし、イネやコムギ、ダイズなどのように自家不和合性をもっていない植物もある。

自家不和合性をもつ植物では、それを利用してF_1種子の採取ができる。アブラナ科の野菜では、自家不和合性を利用したF_1種子の採取が実用化している。

自家不和合性は、その花の形や遺伝様式から、いくつかの型に分類される。まず花の形から、**異形花型自家不和合性**と**同形花型自家不和合性**とに分類される（表1-2）。異形花型自家不和合性は、サクラソウやソバにみられる異形花の場合である。ある個体の花では雌ずいが長くて葯が下部に付いており（長花柱花）、別の個体では雌ずいが短くて葯が上部に付いている（短花柱花）。長花柱花の雌ずいは短花柱花の花粉で受粉したときにだけ種子をつける。自家受粉では種子をつけない。

表1-2 自家不和合性の分類と植物の例

異形花型		サクラソウ科（サクラソウ） タデ科（ソバ）
同形花型	胞子体型	アブラナ科（ハクサイ、キャベツ、ダイコン） ヒルガオ科（サツマイモ） キク科（コスモス）
	配偶体型	ナス科（野生二倍体タバコ、野生ペチュニア） バラ科（ナシ、リンゴ） ケシ科（ケシ）、ツバキ科（チャ） マメ科（アカクローバー、シロクローバー） イネ科（ライムギ）

他方、同形花型自家不和合性は、花の形には差がない。同形花型自家不和合性は遺伝様式の違いによって、さらに**配偶体型自家不和合性**と**胞子体型自家不和合性**の2群に分類される。花粉になってからS遺伝子が働く**配偶体型**（ナス科、バラ科、マメ科、ケシ科など）と、花粉をつくる植物体（胞子体という）のS遺伝子が働く**胞子体型**（アブラナ科、ヒルガオ科、キク科など）がある。

自家不和合性は、**S複対立遺伝子**によって説明される。異なる対立遺伝子をS^1、S^2、……、S^nと表す。$S^1 S^2$の遺伝子型の植物型から花粉が形成されるときに、S^1遺伝子とS^2遺伝子が分離するので、S^1遺伝子をもった花粉とS^2遺伝子をもった花粉が1:1の割合で形成される。そして、花粉と雌ずいが同じ番号

のS遺伝子を発現しているときに不和合となり受精できず、違うS遺伝子を発現しているときに和合となり受精できる。自家受粉の場合は、花粉と雌ずいは同じS遺伝子を発現しており不和合性となる。**配偶体型自家不和合性**では花粉のS遺伝子型そのものが花粉の表現型となる（図1-28）。**胞子体型自家不和合性**の花粉の表現型はその親植物（胞子体）のS^1遺伝子とS^2遺伝子の相互関係により決まる。このとき、S^1遺伝子とS^2遺伝子における優性と劣性の関係を考慮にいれる必要がある。S^1遺伝子とS^2遺伝子が共優性の場合、S^1遺伝子をもつ花粉もS^2遺伝子をもつ花粉も、S^1とS^2両方の表現型を示すことになり、表現型が$S^2 S^3$の雌ずい上では花粉管の侵入がみられない。一方、S^1遺伝子が

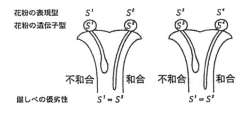

図1-28　自家不和合性における配偶体型の模式図　（植物の育種学　日向，朝倉書店，1997）
雌しべ側では$S^1 S^2$の共優性（$S^1 = S^2$、S^1とS^2両方の表現型を示す）とした。花粉のなかに示すのはSの遺伝子型、花粉の上に示すのはSの表現型である。Sの表現型が花粉と雌しべで一致したときに不和性になる。配偶体型の場合、花粉の表現型は、その花粉のもつ1個の遺伝子によって決まる。雌しべでは$S^1 S^2$の共優性（$S^1 = S^2$）である。

S^2遺伝子に対して優性の場合、S^2遺伝子型をもった花粉も表現型としてはS^1になるので、$S^2 S^3$の表現型をもった雌ずい上ではすべての花粉が花粉管を伸長することができる（図1-29）。

配偶体型の代表としてナス科、バラ科、ケシ科、イネ科植物が、また胞子体型の代表としてアブラナ科植物があるが、この2つの型の自家不和合性機構はかなり異なる。

（1）ナス科植物の配偶体型自家不和合性の分子機構

ナス科野菜には、ナス、ピーマン、トマトなどたくさんの種類があるが、これらの栽培種は自家不和合性を失っており、人間が品種改良を行う過程でその形質が失われたと考えられている。しかしながら、野生種には自家不和合性を

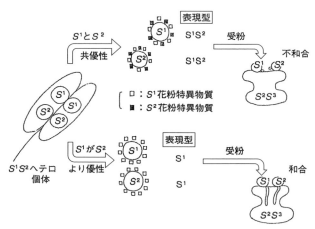

図 1-29　自家不和合性における胞子体型の模式図　（植物　美濃部編，共立出版，1996）

保持しているものが多数あり、それらを用いて分子機構の研究がなされている。雌ずい側のS遺伝子産物としてリボヌクレアーゼ（RNase）活性を有する糖タンパク質（**S-RNase**）が単離されており、自家受粉を行うと、S-RNaseが花粉管内に特異的に取り込まれてRNAを分解する。

　S^1系統からS^1-RNase遺伝子を単離し、これをS^1とは異なったS遺伝子をもった系統（$S^2 S^3$）に遺伝子導入した形質転換植物を作出した。その新しく作出した個体（$S^1 S^2 S^3$）に、S^1遺伝子をもった個体の花粉を受粉したとき、花粉管の伸長は阻害された。このことから、S–RNaseがS遺伝子に特異的な自家不和合性の表現型を雌ずい側で決定する因子であるといえる（図 1-30）。

（2）　アブラナ科植物の胞子体型自家不和合性の分子機構

　カブ、キャベツ、ダイコンなどでは、雌ずい側のS遺伝子産物として2種類の糖タンパク質が単離されている。1つは**Sレセプターキナーゼ**（**SRK**）という膜レセプター型のセリン/スレオニンキナーゼ（リン酸化酵素）である。もう1つは**S糖タンパク質**（S locus glycoprotein, **SLG**）という分泌型の糖タンパク質で、これはSRKの膜外レセプター部分と高い相同性を有している（図 1-31）。アブラナ科植物の自家不和合性の認識機構（図 1-32）は次のように推定されている。柱頭の表面（細胞壁）にはS糖タンパク質とSレセプター

1.4 植物の生殖、発生と恒常性の維持

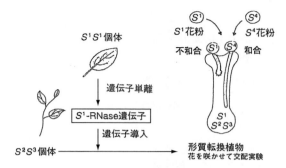

図1-30 遺伝子導入による S–RNase が雌ずい側の S 遺伝子産物であることの証明（植物　美濃部編，共立出版，1996）

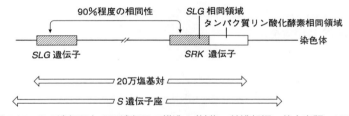

図1-31 SLG 遺伝子と SRK 遺伝子の構造　（植物　美濃部編，共立出版，1996）

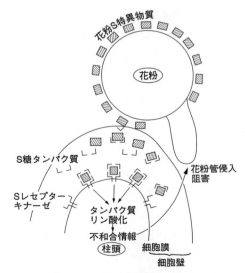

図1-32 アブラナ科植物の自家不和合性の認識機構　（植物　美濃部編，共立出版，1996）

キナーゼが存在し、花粉に存在するS遺伝子に特異的な物質と結合する。その情報がタンパク質リン酸化酵素群を介して伝達され、最終的に花粉管の侵入を阻害するように考えられている。

配偶体型自家不和合性の分子機構と胞子体型自家不和合性の分子機構はかなり異なっており、おそらくそれぞれの植物の進化の過程で独自の自家不和合性機構を発達させたものと思われる。

F. 母性遺伝

20世紀の初頭、葉の緑色化に関する突然変異はメンデルの法則にしたがって子孫に伝わるのではなく、母性遺伝によってのみ伝わるということが発見された。**母性遺伝**とは受精によって生じた子の遺伝形質が、雌性生殖細胞を通じてだけ遺伝する現象をいう。

母性遺伝は核外遺伝情報の子孫への伝達のしくみによって説明できる。卵細胞の細胞質が精細胞の細胞質よりもプロプラスチド（11ページ参照）とミトコンドリアを多く含んでいるため、母親の葉緑体形質とミトコンドリア形質が遺伝するためである。

G. 細胞質雄性不稔性とその機構

一代雑種（F_1）種子（F_1品種）は両親の組み合わせを選ぶことによって旺盛な生育を示すこと（**雑種強勢、ヘテロシス**）が多く、**一代雑種育種法**がいろいろな作物の育種に利用されている。一代雑種育種には自家受精を妨げてF_1種子を得るため、雄性不稔性（172ページ参照）、自家不和合性（47ページ参照）などの形質が利用される。

ナスやトマトのような果実当たりの種子が多いものは、受粉操作あたりの種子数が多いので、人力を使って除雄・交配しても比較的多量の種子が得られる。

トウモロコシでは、雌とする系統と花粉を使う系統を交互に植え、雌とする系統は開花前に雄穂を除去しておく。除雄は人手によって行われ、極めて労力がかかる。99%の純度で雑種を得るには、少しの見落としもなく、高い場所にあるすべての雄穂を切り落とさなければならない。その上その作業は真夏なので、重労働である。そこで、雄性不稔性が利用されてきた。

遺伝的雄性不稔性は安定性や手間暇の面で、いろいろな作物についてF_1種子の採取に利用されている。雄性不稔系統と花粉親に使う系統を交互に植えて、雄性不稔系統に実った種子をとれば、それはすべて雑種でF_1種子（F_1品種）となる。F_1品種の両親となる「雄性不稔系統」と稔性回復遺伝子をもつ「稔性回復系統」の2系統に加えて、不稔系統を維持するための「**維持系統**」が花粉親として必要である（図1-33）。

遺伝的雄性不稔性には、① 核遺伝子支配型、② 細胞質単独型、③ 細胞質・核遺伝子相互作用型がある。②と③が**細胞質雄性不稔**である。一般に一代雑種育種に利用されているのは細胞質・核遺伝子相互作用型である。細胞質・核遺伝子相互作用型は、ミトコンドリアゲノムDNAの不稔を引き起こす遺伝子（雄性不稔遺伝子）とその働きを抑制する**稔性回復核遺伝子**（雄性不稔細胞質の作用を抑制し、正常な花粉をつくらせる核遺伝子、*Rf*遺伝子）との相互作用に基づいている。細胞質が不稔型（S）で稔性回復核遺伝子が劣性ホモ型（*rfrf*）の植物は花粉不稔となる（図1-33）。

雄性不稔遺伝子は、トウモロコシのT(Texas)型細胞質雄性不稔株、ペチュニアの雄性不稔株およびヒマワリの雄性不稔株のミトコンドリアゲノムDNAから単離されている。

ヒマワリの正常株と細胞質雄性不稔株のミトコンドリアゲノムの大きさはそれぞれ300 kbと305 kbで、サイズおよび構造は似通っている。この2つのゲノムの構造の違いは*atpA*（ATP合成酵素αサブユニット）遺伝子に隣接する16 kbにわたる領域のみに限定されており、この領域では11 kb配列の逆位と5 kbの挿入・欠失変異が起こっている。この領域に15 kDのタンパク質をコードする雄性不稔遺伝子が存在する。*Rf*遺伝子は雄性不稔遺伝子の転写またはRNAプロセシングに作用し、雄性不稔遺伝子のタンパク合成を抑制する。

ペチュニアの雄性不稔遺伝子（*S-pcf*）については、5'末端の異なる3種類のmRNAが転写される。*Rf*遺伝子によって稔性の回復したペチュニアでは、これら3種の*S-pcf* mRNAの相対量が著しく変化し、さらに*S-pcf*のコードする25 kDのタンパク質の合成が抑制される。同様の現象はトウモロコシの雄性不稔遺伝子（*T-urf13*）についてもみられる。

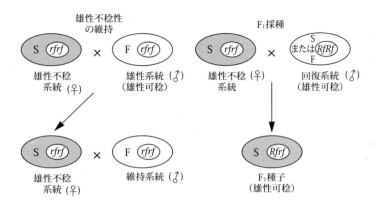

図1-33　細胞質・核相互作用による雄性不稔性（1核遺伝子の場合）（植物の育種学　日向，朝倉書店，1997 改変）
　雄性不稔系統ではS細胞質と核の*rfrf*遺伝子によって雄性不稔性となる。この植物は花粉をつくらないので、F細胞質と*rfrf*遺伝子をもつ維持系統（雄性可稔）の花粉で受粉して雄性不稔系統を維持する。F_1採種の際に、*RfRf*核遺伝子をもつ回復系統で受粉すると細胞質はSだが、核遺伝子は*Rfrf*となり、稔性を回復したF_1が得られる。なお、F_1の栄養体のみを利用する場合には、稔性の回復は必ずしも必要ないので、回復系統はなくてもよい。
S: 雄性不稔性細胞質、F: 可稔性細胞質、*rf*: 雄性不稔性核遺伝子（普通劣性である）、*Rf*: 雄性不稔性回復核遺伝子

H.　種子の形成と発芽

　受精後、受精卵は細胞分裂を繰り返しながら成長し、**胚**になる。胚は、子葉、幼芽、胚軸、幼根の4つの部分からなる。中央細胞の2個の極核（$n+n$）と精細胞の核（n）が受精してできた**胚乳核**（$3n$）は、核分裂を繰り返しながらその数を増やし、それぞれが細胞壁に囲まれて**胚乳**となる。**珠皮**は**種皮**となり、種皮と胚と胚乳から種子が形成される（図1-26 受精の図）。また、子房壁は成熟して**果皮**となる。そして果皮が種皮を包んだ果実が得られる。このように胚乳が発達し、そのなかに種子の発芽に必要な養分を蓄える種子を**有胚乳種子**という（図1-34）。多くの単子葉植物、双子葉植物ではカキ・トウゴマなどが有胚乳種子を形成する。胚乳の養分は、種子が発芽するときの胚のエネルギー源として使われる。種子のなかには、種子の発芽に必要な養分を子葉に蓄えるものがある。このような種子を無胚乳種子という。マメ科植物のほかに、クリ、アブラナ、アサガオなどの種子が**無胚乳種子**である（図1-34）。さらに、種子には、デンプンを主な貯蔵物質とする**デンプン種子**（イネ、トウモロ

コシなど）と、脂肪を主な貯蔵物質とする**脂肪種子**（ナタネ、ヒマワリなど）とがある。いずれも発芽時に糖に変わってエネルギー源となる。

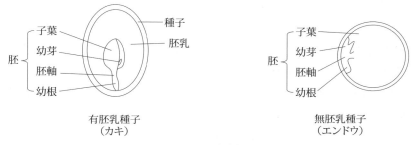

図 1-34　有胚乳種子と無胚乳種子の形態と発芽

種子の発芽には、次のような諸条件が必要である。

① 水分：水分の多少は発芽にとって重要な要因である。種子の含水量は一般に 20％以下である。どの程度吸水して発芽するかは植物の種類によって異なる。種子の吸水量（種子の風乾量に対する％）は、コムギでは、60.0％、トウモロコシでは、39.8％、ソラマメでは、157.0％、エンドウでは、186.0％である。農業上では、種皮の吸水が悪いため発芽しない種子を**硬実**といい、種皮を傷つけたり、濃硫酸などで処理するなどして発芽させる。

② 温度：発芽は物質代謝の結果であり、胚の生長過程であるから、必要な温度条件がある。また、発芽時の最低、最適、最高の温度条件は植物によって異なる。休眠種子に対して、低温などによる処理で休眠を破り、発芽を容易にする。

③ 酸素：種子の発芽には多くのエネルギーを必要とする。それゆえ、酸素がなければ発芽しない。一般に、発芽時の呼吸は、成長とともに増大する。ただし、酸素呼吸だけでなく無酸素呼吸に依存する場合も多い。エンドウ、トウモロコシ、コムギなどでは発芽初期の呼吸は大部分が無酸素呼吸による。

④ 光：栽培植物の種子の多くは光の有無にほとんど影響されずに発芽するが、その一部や野生植物の多くは光を必要とするものがある。光のもとで発芽が促進される種子を**光発芽種子**（あるいは好光性種子）という。

光発芽種子にはタバコ、レタスなどの種子がある。暗い所で発芽し、光で発芽が抑制される種子を**暗発芽種子**（あるいは好暗性種子）という。暗発芽種子にはキュウリ、カボチャ、シクラメンなどの種子がある。

I. 花芽分化

植物の成長は、一定の時期になると、栄養成長から生殖成長へ転換し、花のもとである花芽の原基が成長点や葉腋にできる。これを**花芽分化（花芽形成、花成、催花）**という。この要因としては、栄養、日長、および温度がある。

一般に、一日の昼夜の長さは、季節、緯度の高低によって異なる。この昼（明期）の長さを**日長**（日照時間、明期の長さ）といい、昼の長さの長短によって、花芽分化や開花の時期が決まる。これを植物の**光周性**（日長効果）という。

植物には、一定時間以上の暗期があたえられたときに花芽を分化する**短日植物**（夏〜秋が開花期）と、明期が一定時間以上あるときに花芽を分化する**長日植物**（春〜初夏が開花期）とがある。しかし、花芽分化が光周期にあまり関係がない（明期の長さに影響されない**中性植物**（四季咲きが多い）もある。長日植物、短日植物、中性植物には次のようなものがある。

　長日植物・・・・・アブラナ、キャベツ、ダイコン、コムギ、アヤメ、ヒメジョオン、ホウレンソウ、カーネーション
　短日植物・・・・・アサガオ、コスモス、イネ、キク、オナモミ、ダイズ、アサ、ダリア
　中性植物・・・・・ナス、ワタ、トマト、セイヨウタンポポ、ハコベ、エンドウ、トウモロコシ、キュウリ

栄養成長から花芽分化への転換は、**花成ホルモン（フロリゲン）**とよばれる、葉から送られてくる花成刺激による。フロリゲンは成熟した葉でつくられ、茎を通って植物体全体に送られる。フロリゲンの標的組織である茎頂や腋芽の分裂組織に到達すると、そこで花成遺伝子を活性化し、花芽分化が開始する。フロリゲンの生化学的な性質はいまだに不明である。しかしながら、オーキシンやジベレリンの処理で、花芽の分化が起こることがある。それ故、フロリゲンはこれらの植物ホルモンと何らかの関係があるものと思われる。

短日植物が花芽を分化するには、光周期の暗期が一定時間（これを**限界暗期**という）以上、中断されることなく続くことが必要であり、長日植物は暗期が一定時間より短いことが必要である。すなわち、長日植物は限界暗期より短い暗期で花芽を形成する。長日植物であるダイコンやホウレンソウの限界暗期はそれぞれ10～11時間、13～14時間である。一方、短日植物は限界暗期より長い暗期で花芽を形成する。短日植物であるアサガオやオナモミの限界暗期はそれぞれ8～9時間、8.5～9時間である。暗期の効果は、暗期をわずかに短くすることや、光を当てて暗期を中断（**光中断**という）することによって無効になる。逆に、長日植物では、花芽分化を抑えている長い暗期を光中断すると花芽分化する。したがって、長日植物と短日植物は、同一の光周性の機構をもってはいるが、その働きは逆になっていると考えられている。

　花芽の分化は温度条件によっても影響を受ける。秋まき性（二年生、越年生）の植物は、秋に栄養成長を行い、冬に低温にあって春に花芽を分化して開花・結実する。これを春まき性（一年生）の植物のように、春に発芽させたのでは、その年のうちに開花・結実することはできない。しかし、春に発芽させ、人為的に一定期間の低温条件を与えることによって、その年の光周条件で、その年のうちに開花・結実させることができる。このような低温処理を**春化処理**という。この処理は、植物の発芽後であればいつでもよいとされている。秋まきコムギを春にまくと成長はするが開花結実しない。しかし、春にまいたとしても、発芽種子約4℃の低温下におく（春化処理）と、開花結実する。

J. 光形態形成における光レセプター（フィトクロム）

　光形態形成や光合成によりエネルギーを獲得する植物にとって、光はもっとも重要な環境要因である。その光環境によって、生物の発生や分化の過程が調節されることを**光形態形成**という。植物の光形態形成は、種子の光発芽、緑色植物を暗所で発育させたときに生じる黄化現象、光周性など多くの段階で観察できる。

　多くの植物は種子で休眠し、適切な環境条件になると発芽する。休眠打破の刺激の1つに光がある。レタス、タバコ、シロイヌナズナなどの種子は、温度や水分条件に加えて、発芽に光を要求するので**光発芽種子**とよばれる（55

ページ参照)。光発芽種子であるレタスの種子は、吸水後、ごく短時間 660 nm 付近の波長の赤色光を照射するとその後発芽する。しかし赤色光を照射した直後に 730 nm 付近の遠赤色光（近赤外光）を照射すると発芽しない。また、赤色光と遠赤色光を交互に照射した場合、最後に照射した光が赤色光ならば発芽し、遠赤色光ならば発芽しない（図 1-35）。つまり、光発芽刺激は、赤色光―遠赤色光で可逆的な反応であり、レタスが赤色光と遠赤色光に吸収極大をもつ光可逆的な**光レセプター**を介して認識している。このような赤色光―遠赤色光可逆反応は、黄化現象の解除、短日植物の光中断（図 1-36）や、その他の植物生理現象でも見出され、この光レセプターの存在は普遍的なものである。この光レセプターを**フィトクロム**という。フィトクロムは青緑色の色素タンパク質で、光作用のもとに色素タンパク質自身が色を変えるという性質をもっている。

フィトクロムは暗条件下では 660 nm に吸収極大をもつ赤色光吸収型（P_R）であるが、赤色光を照射すると 730 nm に吸収極大をもつ遠赤色光（近赤外光）吸収型（P_{FR}）に、遠赤色光の照射により赤色光吸収型（P_R）に変化する。

$$\text{赤色光吸収型 }(P_R) \underset{\text{遠赤色光}}{\overset{\text{赤色光}}{\rightleftarrows}} \text{遠赤色光吸収型 }(P_{FR})$$

（赤色光を最後に当てた光発芽種子は発芽する）

フィトクロムの発色団（発色すなわち光の吸収に関与する構造単位）の構造やタンパク質部分のアミノ酸配列が解明されている。フィトクロムは 2 つのサブユニット（サブユニットの分子量：124,000）からなる 2 量体である。各サブユニットが 1 個の発色団をもっている。$P_R \to P_{FR}$ に伴う構造変化は、発色団に H^+ が出入りすることによって発色団の立体構造が変化し、それに伴ってフィトクロム全体の構造が変化すると考えられている。

フィトクロムが受け取った光情報は、細胞内で応答するための遺伝子発現に伝達していく機構が存在する。

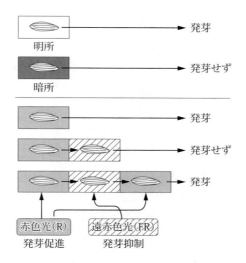

図1-35 光発芽種子の発芽とフィトクロム
　フィトクロムが赤色光によってP_{FR}型となり、発芽を促進する。

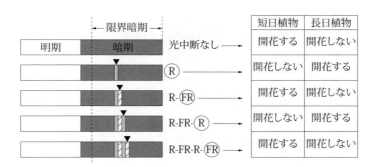

図1-36 光中断とフィトクロム
　フィトクロムは赤色光（■）によってP_{FR}型となり、そのあとに遠赤色光（▨）を照射すると、フィトクロムはP_R型となり、赤色光の効果は打ち消される。花芽形成は最後に当てた光に影響される。

1.5　植物ホルモンとその生理作用

　一般に、発芽してから茎や葉が生長する期間を栄養成長期、その後、花芽が分化し始めてから花が咲き、実や種子が成熟するまでの期間を生殖成長期とい

う。植物の発生・成長・分化には植物ホルモンという極微量存在して作用を及ぼす物質群が深く関わっている。さらに、植物ホルモンはミカンの落果防止、除草剤、デラウエアブドウの無種子化、パイナップルやマンゴーの開花時期の調節など、農業の実用面で利用されている。植物ホルモンの主要なものに、オーキシン、サイトカイニン、ジベレリン、エチレン、アブシシン酸、ブラシノステロイド、ジャスモン酸がある。その他、花成ホルモン（フロリゲン）、ストリゴラクトン（生理作用；枝分かれの抑制）がある*。花成ホルモンは植物ホルモンとして古くから想定されているにもかかわらず、いまだにその単離に成功していない。なお、サリチル酸は病原体に対する抵抗性の獲得に関与しており、植物ホルモンとして扱われることがある。植物ホルモンは、**植物成長物質**、**植物成長調節物質**ともよばれるが、これらには現在認められている植物ホルモン以外の、同様の作用をもつ天然または合成の物質が含まれる。農業において実用的な目的で開発された、植物の発生・成長・分化を調節する物質は**植物化学調節剤**とよばれる。また、植物に対してなんらかの調節効果を示す、天然または合成の物質をまとめて**植物生理活性物質**ということもある。

A. オーキシン

（1） オーキシンの発見の研究史

　進化論で有名なダーウインとその息子は、カナリアワサヨシの幼葉鞘に横から光を当てると、その刺激は幼葉鞘の先端で受容される。そして下部に転送されて、そこで幼葉鞘の光が射すほうへの屈曲が引き起こされると報告した（1880年）（図1-37のA）。ボイセン-ヤンセンはこの実験結果をマカラスムギ（オートムギ）の幼葉鞘を用いた実験で確認し、この刺激が化学物質であることを証明した（1910～1911年）（図1-37のB）。次いで、パールは、マカラスムギの幼葉鞘に側光を照射しなくても、先端を切り取って、片側にずらしておくだけで、暗黒中でも屈曲が起こることを発見した（1918年）（図1-37のC）。彼は、先端から輸送される物質は、成長を促進する物質であり、

---

*サリチル酸は成長に影響を与えないが、耐病性誘導に重要な役割を担っていることから、準植物ホルモンとして認定されている。

1.5 植物ホルモンとその生理作用

それが幼葉鞘下部の偏差成長をもたらすことが屈曲の原因であると考えた。その後、スタークは幼葉鞘の先端の切り口に、各種の抽出物を含んだ小寒天塊を片側に寄せて置くという方法を考案し、屈曲を起させる物質を探索した（1910～1911年）（図1-37のD）。ウェントは、マカラスムギの先端から、はじめて成長物質を寒天片中に取り出すことに成功した（1928年）（図1-37のE）。また、ウェントは幼葉鞘の屈曲の角度は寒天片中に含まれる成長物質の濃度に比例するので、成長物質の生物検定法として**アベナ（屈曲）テスト**を確立した（図1-37のE）。ケーグルはこの成長物質にギリシャ語のauxein（成長する、増加する）からとったオーキシンと命名した（1933年）。すなわち、オーキシンは、茎や根の末端でつくられ、伸長帯に移動して、細胞

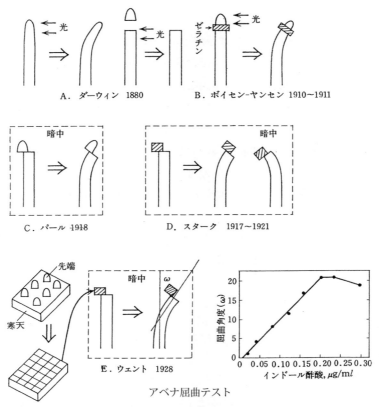

図1-37 オーキシンの発見に至る諸実験（植物のホルモン 勝見, 裳華房, 1991）

伸長を引き起こす植物ホルモンの総称である。

（2） オーキシンの生理作用

オーキシンの代表的なものには、**インドール酢酸（IAA）** がある（図1-38）。**天然オーキシン**はIAAのほかに**インドール酪酸（IBA）**、4-クロロ-インドール-3-酢酸、インドール-3-エタノールなどがある。インドール酢酸と基本骨格構造は異なるが、オーキシンとしての活性をもつ合成化合物が知られており、これらを合成オーキシンとよぶ。**合成オーキシンには2,4-ジクロロフェノキシ酢酸（2,4-D）、ナフタレン酢酸（NAA）** がある（図1-38）。オーキシン（IAA）は、トリプトファンを前駆体として、分裂組織や茎頂、幼芽、未熟種子などの若い組織で合成される。オーキシンの生理作用をまとめると次のようになる。

a. 茎の伸長促進：オーキシンは茎の正常な成長に必須なホルモンである。オーキシンは、茎の先端の頂芽で合成され、茎の下方に移動し、この間、オーキシンは茎の細胞の伸長成長を促進する。一般に茎葉におけるオーキシンの分布は、成長の盛んな部位ほど多く、成長の終わったところでは少なく、成長速度と内生オーキシン量の間に相関がみられる。オーキシンによる茎葉の伸長促進は細胞伸長の促進を通して行われる。細胞伸長または細胞拡大の促進が、オーキシンのもっとも代表的な生理作用である。オーキシンは一般的に根では阻害的に働くか、極めて低い濃度で促進がみられることもある。

b. 細胞分裂と分化の促進：オーキシンは細胞分裂を誘起して成長や分化を促す。挿し木をするときにオーキシンで切り口を処理しておくと発根組織の

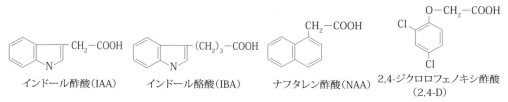

図1-38　天然オーキシン（インドール酢酸とインドール酪酸）と高い活性をもつ合成オーキシン（ナフタレン酢酸と2,4-ジクロロフェノキシ酢酸）の構造

形成を促し、発根しやすくなる。オーキシンは培養細胞において細胞分裂を促進する。特に、サイトカイニンと共存してカルス形成を促す。オーキシンは通道組織（木部・師部）の分化を誘導する。オーキシンの供給源である若い葉を除去すると、その葉の下の茎の部分では、通道組織の分化は起こらない。オーキシンは比較的高い濃度で不定根の分化を誘導する。茎や小枝の切片、葉の切片あるいはカルスから分化する不定根は、オーキシンの作用によるものである。

c. 頂芽優勢：オーキシンは、頂芽の伸長を促進するが、葉や枝の付け根にある腋芽の伸長を阻害する。しかし、成長している植物体の頂芽を切除すると、頂芽の側の腋芽や、下部の節にある側芽が成長を開始する。このように頂芽が側芽の成長を支配する現象を**頂芽優勢**という。

d. 果実の成長：オーキシンはトマトなどで単為結実をもたらす。自然受粉では花粉管の刺激によって脂肪の肥大が始まるが、受精と共にオーキシンが増加する。

e. 老化と器官離脱の抑制：外から与えるオーキシンは葉の老化を遅らせる。また、葉の成長が止まり、老化の現象が現われ始める前には、オーキシンの内生量の減少がある。オーキシン量の減少は葉の老化となんらかの関係があることがわかっている。落葉を引き起こす離層形成も、オーキシンの内生量と関係がある。離層形成が起きる前にはオーキシンの減少がみられる。葉の成長時は葉身から葉柄の基部に向かってオーキシンの濃度勾配があり、老化が始まる前には、この勾配が崩れ、離層形成部位がエチレンに反応しやすくなり、エチレンが離層形成を始動する。

　　2,4-Dは、低濃度で離層形成を抑えることから、ミカンなどの落果防止に利用される。また、ある程度高い濃度を用いると、双子葉植物に対しては毒性を示すが、イネやムギのような単子葉植物に対してはあまり毒性がないので、水田やムギ畑に散布して除草剤に用いる。

　植物体内オーキシンの分布の偏りによって、屈性が現れる。光に対する屈光性、重力に対する屈地性によって、木の枝の広がり方、繁り方など、植物の全体的な成長がうまく調節される。

B. サイトカイニン

　スクーグらは、タバコ茎切片をオーキシンの存在下で培養したときに、維管束組織を除去して髄組織だけにすると、細胞拡大だけが起こり細胞分裂は起こらないことを見つけた。また、維管束組織があると細胞分裂は起こるが、やがて分裂は停止することもわかった。このことから、細胞分裂が起こるには、オーキシンのほかに、維管束に由来するある種の因子が必要であるが、培養を継続すると、この因子は使い果たされてしまうことが推定された。そこで、この因子の追求がなされ、それはプリン環を有する物質であろうと考えられるようになった。1955 年、スクーグらは、ニシンの古い精子 DNA にオーキシンと協力して、タバコの髄組織のカルスの細胞分裂を著しく高める物質が存在することを見つけた。この物質は DNA の分解産物の 1 つであり、**カイネチン**と命名され、6-フルフリルアミノプリンであることが判明した（図 1-39）。カイネチン自体は天然の植物ホルモンではないが、カイネチン様の作用をもつ物質が植物組織には広く分布しており、1963 年、ニュージーランドのリーサムがトウモロコシの未熟種子から活性物質を単離し、**ゼアチン**と命名した。ゼアチンは、6-（4-ヒドロキシ-3-メチル-トランス-2-ブテニル）アミノプリンであることがわかった（図 1-39）。その後、種々の植物から、ゼアチンおよび類似化合物が単離された。現在では、カイネチンと同様の生理活性を有する一群の化合物で、6 位のアミノ基が置換されたプリン誘導体を**サイトカイニン**とよんでいる。6 位のアミノ基が置換されたプリン誘導体は数多く合成され、そのなかでも**ベンジルアデニン（BA）**は高いカイネチン様生理活性をもち、植物の組織培養で広く利用されている（図 1-39）。サイトカイニンの合成の場は形成

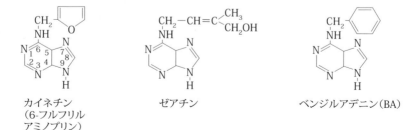

図 1-39　主サイトカイニンの構造

層、栄養成長端、若い葉など、分裂活性の高い組織である。例えば、春には樹木の木部樹液には高濃度のサイトカイニンが存在する。芽ばえにおいては根端がサイトカイニンの主要な合成の場であり、維管束組織中を芽へと輸送される。

(1) サイトカイニンの分布

　サイトカイニンは藻類を含む、多くの植物から単離され、すべての器官に存在する。培養細胞のカルスやクラウンゴール、根粒にも存在する。サイトカイニンは道管および師管を通って容易に移動するので、植物体のいたるところに存在している。

　植物体内でサイトカイニンが合成される場所の1つは根である。木部樹液や溢泌液（いっぴつえき）中に多量のサイトカイニンが含まれることや、根に各種ストレスを与えると、木部樹液中のサイトカイニン量が変化する。また、インゲンマメ、トマトの切除葉で不定根の形成があると、葉のサイトカイニン量が増加する。他方、サイトカイニンは葉条部でも合成される。

　感染によって植物組織の肥大・異常分化（不定芽の多発など）・緑色保持などを引き起こす病原菌はサイトカイニンを生産すると思われる。例えば、ウドンコ病菌、サビ病菌、テングス病菌などがある。*Rhizobium radiobactor*（*Agrobacterium tumefaciens* の学名は *Rhizobium radiobactor* に変更）がもつTiプラスミドはサイトカイニンとオーキシンの合成を支配する遺伝子をコードしている（148ページ参照）。

(2) サイトカイニンの生理作用

サイトカイニンの生理作用をまとめると次のようになる。

a. 葉条の成長促進：葉、特に子葉の拡大成長を促す。切り取った子葉がサイトカイニン処理により拡大成長する例は、キュウリ、スイカ、カボチャ、ヒマワリなど多くの植物でみられる。カボチャの切り取った子葉では光照射で拡大が起こるが、このとき、照射直後から内生サイトカイニン量が増加する。光（赤色光）照射による子葉の拡大は、内生サイトカイニン量の増加を介しているものと思われる。

b. 側芽の成長促進：多くの植物で、頂芽優勢に拮抗して側芽の成長を促す。

ダイズ、タバコ、エンドウ、その他の植物で、頂芽優勢によって成長抑制されている側芽に直接サイトカイニンを与えると、側芽は成長を開始する。サイトカイニンは側芽成長を促進するのみならず、オーキシンによる抑制と拮抗的に働く。

c. 細胞分裂の促進：オーキシンの存在下で、培養組織（細胞）の細胞分裂を促進する。この作用は細胞の状態によって異なり、一般に、分化した細胞の分裂を誘起する。サイトカイニンは細胞の伸長に対しては阻害的である。

d. 分化と形態形成促進：茎頂での細胞分裂を促進するだけでなく、分化と形態形成に影響する。オーキシンとの共存で木部分化を促進する。ダイコン根、エンドウ上胚軸、ヒカゲノカズラ前葉体、インゲンマメ節間培養細胞、タバコ髄組織培養細胞、エンドウ根の皮層細胞由来のカルスはサイトカイニンがないと仮道管細胞を分化しない。細胞内器官では葉緑体の発達を促進する。例えば、黄化したキュウリ子葉、黄化したスイカ子葉、黄化したタバコ葉、インゲンマメ第一葉、コムギ幼葉鞘などでは、ラメラの発達、グラナ数の増加がみられる。培養細胞やカルス組織における、サイトカイニンの器官分化への影響は、一般にオーキシンとの濃度比で決められる（120ページ図2-1参照）。

サイトカイニンは、一般に切除した根での側根形成を阻害する（ダイコン、エンドウ、ライムギなど）。不定根の形成に対しても阻害的である（エンドウ胚軸（図1-40）、インゲンマメ胚軸、ヒマワリ胚軸、いくつかの植物の切除葉など）。しかし、タバコ、トウモロコシ、ベゴニアなどの培養細胞では、特に低濃度で不定根を形成しやすい。また、ベゴニアの葉の辺縁、セントポーリアの茎などからの不定芽形成を促進する。

e. 種子発芽促進：サイトカイニンが種子休眠を打破することが、低温要求種子のブナ、リンゴ、ナナカマド、サトウカエデなどで知られている。例えば、サトウカエデの種子は、低温処理すると、その期間中にサイトカイニン量が増加する。光発芽種子であるレタスの場合、光が存在すると、サイトカイニンによる発芽の促進が最大になる。実際、サイトカイニンと赤色光の間には相乗効果がみられる。

種子休眠は胚の成長を抑制する阻害因子としてのアブシシン酸の存在と関係があるといわれているが、多くの種子の例で、サイトカイニンとアブシシン酸の間には拮抗作用があることが知られている。

f. 老化の抑制：切り取った葉は、次第に緑色が薄くなり、タンパク質含量も減少していくが、葉柄から不定根が形成されると、タンパク質含量は再び上昇し、また緑色も濃くなる。これは根で合成されるサイトカイニンのためである。サイトカイニンは、一般に切除葉の老化を抑制する働き、すなわち、老化の徴候であるクロロフィル、タンパク質、核酸の減少、呼吸の上昇、細胞の膜構造の崩壊、リボソームの消失などの進行を遅らせる作用がある。

図1-40 キュウリなどの芽生えの胚軸

無傷植物の場合でも、同様の作用が認められるが、その効果は切除葉に比べて小さい。これは、根からの内生サイトカイニンの供給があるため、外から与えたサイトカイニンの効果は小さいためである。

自然状態では、葉の老化に伴って内生サイトカイニン含量が減少することは、イネ、ダイズ、カエデ、ポプラ、ヤナギ、イチョウなどで報告されている。光中では老化の進行は遅くなる。これは、光がサイトカイニンの作用を助長するか、あるいは、内生サイトカイニンのレベルを上昇させるためであると考えられる。

g. 蒸散促進と物質の集積：気孔の開孔を促進して葉の蒸散を促進する。例えば、タバコの根にサイトカイニンを与えると葉は強い水不足になる。この作用はアブシシン酸の作用とは反対である。また、サイトカイニンはアブシシン酸による閉孔促進効果を抑えることもできる。

サイトカイニンは物質の集積を促す作用があり、サイトカイニンを与えた組織・器官は物質の転流におけるシンクの役割を果たしている。タバコの葉の一部をサイトカイニンで処理し、別の部分に放射性のアミノ酸を与えると、数分後には放射能はサイトカイニン処理部分に移動する。

C. ジベレリン

わが国では、昔から稲苗の背丈が著しく徒長し、葉が黄緑化し、米の収量が著しく減少するイネばか苗病が知られていた。この病気は**イネばか苗病菌**が分泌する毒素が原因で、この物質は、1937年、薮田貞次郎らによって単離され、**ジベレリン（GA）**と命名された。1954年と1955年には、イギリスとアメリカでイネばか苗病菌の培養ろ過液から単離されたGA_3の化学構造が決定された（図1-41）。1956年、アメリカのウエストとフィニーは、矮性トウモロコシによる生物検定法を用いて、各種植物の抽出物中にジベレリンの存在を明らかにしたことに引き続き、イギリスのマクミランとスーターは、ベニバナインゲンの未熟種子からGA_1を単離した。続く数年間で、ジベレリンの大量生産の技術が確立し、農業への応用研究が盛んに行われるようになった。その後、高等植物やイネばか苗病菌の培養液から次々と新しいジベレリンが単離され、現在では80種類以上のジベレリンが同定されており、その構造が決められている。ジベレリンは農業分野でいろいろな形で使われており、日本ではジベレリン処理による種なしブドウの生産が有名である。

ジベレリンの生理作用をまとめると次のようになる。

a. 葉条成長の促進：葉（子葉）の成長（拡大）は切片のみならず、無傷植物でも促進される。葉柄の伸長、イネ科植物の葉鞘や養身の伸長促進も著しい。これらの促進効果は細胞分裂と細胞伸長の両方が起こるが、前者は特に葉で著しい。葉においても成長の盛んな時期や部位で内生ジベレリン量が多い。

b. 茎の成長促進：無傷植物にジベレリンを与えると、ほとんどの場合に顕著な伸長促進反応がみられる。これは、茎頂分裂組織での細胞分裂の著しい増加と細胞伸長による。オーキシンでは成長させることができない矮性植物の多くは、遺伝的にジベレリン合成系に異常があるため、丈が低い。矮性植物は、正常（高性）な植物に比べて細胞長も短く、細胞数も少ないが、ジベレリンで処理すると細胞数が増加し、細胞長が増加する。

c. 果実と胚の成長：ジベレリンは着果および果

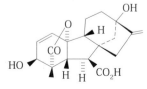

図1-41　ジベレリン（GA_3）の構造

実の成長にも必要である。発育中の果実ではジベレリン含量が高く、成熟するにしたがって減少する。自然条件では、通常、果実の成長には種子が必要であることから、種子からオーキシンとジベレリンの両方が供給されており、両方が必要である。

ジベレリンはトマト、キュウリ、トウガラシ、ナス、ブドウ、モモ、ナシ、リンゴなどでは、**単為結実**を誘起する。日本で実用化されているデラウエアブドウの無種子化は、この作用を利用したものである。しかし、ジベレリンによる単為結実の果実は一般に小型である。デラウエアブドウでは単為結実させたあとにもう一度ジベレリン処理を行い、それによって果実成長を促進する。

トマトでは受粉によって結実すると、子房中に拡散性オーキシンが増える。また、オーキシンを与えても単為結実できること、ジベレリン処理により拡散性オーキシンが増えることから、ジベレリンによる単為結実はオーキシンの増量を介して行われる可能性がある。

種子の形成に伴って胚乳中のジベレリン、オーキシン量が増加し、種子・莢・果実の成長が最大化する前にこれらのホルモン量はピークに達する。胚乳で合成されるジベレリンは果実の成長を調節するほか、胚の成長にも利用される。

d. 花芽の分化（長日植物）と雄花誘導：長日植物が非誘導条件下でジベレリンによって花芽形成が誘導される。これに対して、短日植物は一般に影響を受けないが、ホウセンカ、ヒャクニチソウのように花芽誘導を受けるものもある。低温要求植物は低温処理（バーナリゼーション）を行わなくても、ジベレリン処理により茎の伸長促進や開花がみられる。キュウリ、マスクメロンなどのウリ科植物では、ジベレリンよって雄花が誘導される。レタス、ホウレンソウでも同じ現象がみられる。一般にジベレリン合成阻害剤は、雌花分化を促進する。キュウリでの雌花の誘導はオーキシンによって起こるので、オーキシンとジベレリンの含量比が性決定に関与している。

e. 休眠種子の発芽促進：多くの植物の種子は形成後休眠しており、ジベレリンは一般に、これらの種子の発芽を、非誘導条件下で促進または誘導する

ことができる。ジベレリンの合成能を欠いた突然変異体がつくられ、このような植物でつくられた種子は野生種のものと異なり休眠性を示すが、ジベレリンで処理されると発芽が誘導される。この結果は、ジベレリンは自然界でも発芽を誘導することに関与していることを示している。

　光発芽種子はフィトクロム依存なので、赤色光を照射すると発芽する。しかし、ジベレリン存在下では暗黒中でも発芽が促進される。このような種子には、レタス、タバコ、シロイヌナズナなどがある。

　種子の休眠を破るために、1〜数週間、低温（適温は5℃前後）に置くことが必要な場合が多い。種子を人為的に湿潤状態で低温貯蔵することにより、発芽を促すことができる。このような種子を**低温要求種子**という。ジベレリンはこのような種子を常温で発芽させることができる。低温要求種子にはカラスムギ、サトウカエデ、ハシバミ、リンゴ、モモ、サクラソウなどがある。ハシバミの種子を5℃で約1カ月湿潤低温処理をしてから20℃に移すと、ジベレリンのレベルが急激に上昇する。一方、リンゴ、サトウカエデなどでは、低温処理期間中にジベレリン量が増加する。モモやリンゴなどの低温要求種子から低温処理しないで胚を取り出して成長させると、生理的矮性を示す芽生えになる。これらの芽生えをある期間低温処理するか、ジベレリンを与えるかすれば、正常個体に回復する。この実験結果も、低温処理がジベレリンレベルの増加と関係していることを示している。

f. 芽の休眠打破：ジャガイモなどの塊茎の芽や木本植物の芽などの休眠はジベレリンによって打破される。ジャガイモの塊茎の芽は収穫直後では休眠しており、一定の期間を経ると成長を始めるが、ジベレリン処理によりこれを早めることができる。内生ジベレリン量も休眠中は低く、芽の成長が始まると増加する。芽は短日条件になると休眠するものが多いが、それと共に内生ジベレリン量が減少する。

g. 種子内の α-アミラーゼ生合成の誘導調節：種子は登熟のときにはジベレリン含量は増加するが、完熟して乾燥すると低レベルに減少する。しかし、発芽と共にジベレリンは再び上昇する。発芽は胚の成長プロセスなので、そのためにジベレリンが必要とされる。しかし穀物種子ではジベレリンは

胚の成長を促進するほかに、α-アミラーゼの生合成を誘導調節している。

オオムギ種子の胚乳貯蔵物質の大部分はデンプンであり、これは主としてα-アミラーゼによって加水分解される。**α-アミラーゼ**は種子が吸水してから早い時期には胚盤で作られるが、主たる合成の場は**アリュロン層**である。このα-アミラーゼの生合成を誘導するのがジベレリンである。α-アミラーゼの誘導は *de novo* 合成によるものである。

オオムギ種子におけるα-アミラーゼ誘導の調節は次の通りである（図1-42）。種子吸水と共に、胚軸でジベレリンが合成され、胚乳を通ってアリュロン層へ拡散する。アリュロン層では代謝活性の変化に伴って、ジベレリン分子の受容が整えられる。そしてα-アミラーゼが合成され、胚乳に分泌される。胚乳中のデンプンはα-アミラーゼの作用を受けてマルトースやグルコースが遊離する。これらの糖はショ糖に変えられ、成長中の胚へと輸送される。もし、糖が胚乳に蓄積すると、アリュロン層に負のフィードバックがかかり、α-アミラーゼの合成を調節する。ジベレリンに反応してアリュロン層で活性が増加し、分泌される酵素はα-アミラーゼのほか、プロテアーゼ、リボヌクレアーゼ、酸性ホスファターゼなどが

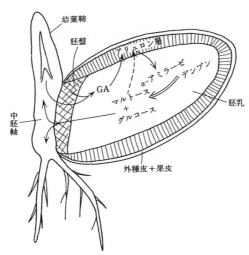

図1-42　オオムギ種子の発芽時におけるジベレリンのα-アミラーゼの合成誘導とその調節
　　　　（植物のホルモン　勝見，裳華房，1991）

ある。

h. 老化の抑制：ジベレリンはサイトカイニンと同じように植物で葉の老化の進行（クロロフィルやタンパク質、RNAの減少）を抑制する。老化の過程ではジベレリンの減少と共にアブシシン酸の増加が認められる。

　　ジベレリンはワタ、インゲンマメ、ネーブル、オレンジなどでみられるように、一般に離層形成を促進する傾向がある。果実の追熟に関しては、エチレンとは逆に、これを遅らせる方向に作用する。例えば、トマト、バナナ、アンズ、ミカンなどでは、クロロフィルの分解を抑え、カロテノイドの増加をもたらす。

D.　エチレン

（1）　エチレンの研究史

　ガス灯などの照明用ガスあるいは暖房用ガスの利用に伴い、これらのガスが植物にさまざまな影響を与えることは古くから知られていた。20世紀の初頭、実験室内や温室内で、エンドウの芽生えが水平方向に伸びることを観察し、この原因が照明用のガスに含まれる微量のエチレンであることがつきとめられた。また"カーネーションの花が閉じてしまい、二度と開かない"という現象は、ガス管の破裂によるガス漏れガスに含まれるエチレンが原因であった。ガスのなかの微量のエチレンは、さらに、上偏成長（特に葉の上面が下面よりも早く成長し、そのため下にたれる現象）、器官離脱、成長阻害、茎の膨潤などを引き起こすことも見出された。さらには石油ストーブが未熟な緑色レモンの成熟を促すことや、オレンジが生成するガスがバナナの成熟を促進することが認められ、これは、ガスのなかに含まれるエチレンが果実の成熟を促進した結果であるとされた。20世紀のなか頃には、リンゴが実際にエチレンを生成できることが化学的に証明された。このようにして、エチレンは果実の成熟を促進する植物ホルモンとして研究が進められていった。

　エチレンの研究が飛躍的に進んだのは、クロマトグラフィーがエチレンの定量的測定に用いられるようになってからである（1959年）。

　1960年代以降、エチレンは、果実の成熟を促すばかりでなく、植物の成長、分化においても主要な役割を果たしていることが示唆された。また、エチ

レンの生成は、接触、振動などの機械的刺激、低温、傷、水ストレス（乾燥、灌水）などの物理的刺激、病原菌の罹病（りびょう）による傷害など、さまざまなきっかけで誘導されることもわかった。オーキシン（IAA）、サイトカイニンなどの植物ホルモンもエチレン生成に影響を与える。

（2） エチレンの生合成

　エチレンの生合成はメチオニンから始まる（図1-43）。メチオニンがメチオニンアデノシルトランスフェラーゼの作用でS-アデノシルメチオニン（SAM）に転換される。このSAMから**1-アミノシクロプロパン-カルボン酸合成酵素（ACC合成酵素）**の作用で**1-アミノシクロプロパン-カルボン酸（ACC）**が合成される。合成されたACCは**ACC酸化酵素**（ACCオキシダーゼ、アミノシクロプロパンカルボン酸オキシダーゼ、エチレン合成酵素）によって酸化的に分解されてエチレンが生成される。SAM→ACCを調節するACC合成酵素は主要な調節酵素である。オーキシンによるエチレン合成の上昇はACCレベルが上がるためである。つまり、オーキシンはACC合成酵素の合成を活性化してACC合成を誘導するが、ACCからエチレンへの転換には影響しない。また、傷害によってもACC合成酵素活性の著しい増加がみられる。

（3） エチレンの生理作用
a. 伸長成長の阻害と肥大成長の促進：エチレンは、一般的に伸長には阻害的であるが、他方では、肥大成長をもたらす。黄化エンドウの芽生えは、エチレンの存在で伸長が阻害され、茎の肥大が起こり、重力屈性反応（屈地性）を消失して水平成長をする。これを三重反応と称し、かつてはエチレンの生物的検出の目安として利用された。エンドウの芽生えにエチレンの前駆体であるACCを加えると、エチレンの生成が増加し、成長が阻害される。
b. 側芽の成長阻害：黄化エンドウなどでは、エチレンの生成量は頂芽と節（側芽がある）で多い。また、エチレンを頂芽除去した植物に与えると、側芽の成長を阻害する。
c. 根の成長：イネ、ライムギ、トマト、ソラマメなどの植物では、根は通気

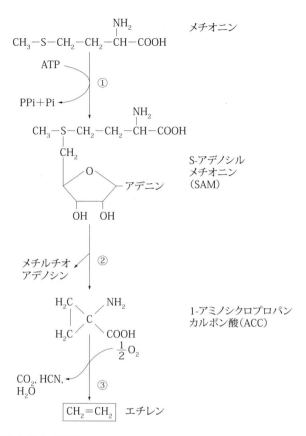

図1-43 エチレン生合成経路
① メチオニンアデノシルトランスフェラーゼ　② ACC合成酵素　③ ACC酸化酵素

のよい条件下では少量のエチレンがあるとよく成長する。しかし、高い濃度では阻害的である。湛水（たんすい）で根系の通気が悪くなると、エチレンが蓄積するため根の成長は影響を受ける。

　エチレンはモヤシマメの胚軸、トウモロコシなどで不定根の形成を促進するので、高濃度のオーキシンによる不定根形成促進はエチレン生成を介して行われる。

d. 葉の成長阻害：エチレンによる葉の細胞数の減少（細胞分裂の阻害）が起こり、葉の拡大成長が阻害される。エチレンによる葉の成長に対する顕著な作用は、葉柄が下方に屈曲する上偏成長*である。植物体をエチレンに

さらすと、葉柄が下方に屈曲する。これは葉柄の上側の伸長が、下側の伸長より大きくなるからである。上偏成長は、植物が湛水などのストレスを受けるときにもみられる現象で、エチレンが関与する。湛水ストレスは、根でのACCの合成を促進し、これが木部道管組織を通って葉に輸送され、そこで、好気状態にさらされてエチレンに転換される。

e. 重力屈性反応（屈地性）の抑制：黄化エンドウの芽生えの三重反応でみられるように、エチレンは一般的に葉条の屈性反応に阻害的である。しかし、正常な負の屈性反応は微量なエチレンが必要であるという例も多い。エチレン合成阻害剤やエチレン作用の阻害剤（Ag^+、CO_2）による重力屈性反応の抑制が、キュウリ、トマト、オナモミなどの茎で知られている。

f. 花芽誘導と開花の促進：パイナップル、マンゴーやリンゴはエチレンで開花が促進される。また、高濃度のオーキシンを与えても同様の効果が得られる。これは、オーキシンがエチレンを誘導するからである。現在、パイナップルの生産には、エチレンを遊離する植物化学調節剤を使って開花時期が調節されている。マンゴーは昔から煙でいぶすことにより、開花を促進していたが、これは煙中に含まれるエチレンによるものである。

g. 雌花誘導：ウリ科植物、特にキュウリではオーキシンは雌花、ジベレリンは雄花の形成を促進する（69ページ参照）。オーキシンの作用はエチレンを介するものと考えられる。生育のはじめの時期で数多くの雌花のみをつけるキュウリをエチレンで処理すると、雌花の形成が開始する。雌花のみをつけるキュウリ系統は、一般的な系統よりもエチレンを多く生成する。

h. 種子の発芽促進：休眠種子にエチレンを与えると発芽を誘導することができる。ピーナッツには休眠するタイプと休眠しないタイプの種子があり、前者は吸水してもエチレンをほとんど生成せず、後者は発芽と共にエチレンの生成がみられる。ピーナッツの休眠するタイプの種子を高温処理（40～45℃）すると休眠が破られるが、そのときにはエチレンが生成される。

＊形態学あるいは生理的背腹性をもつ植物器官（葉・側枝など）で上側の成長が下側の成長よりはやく、その結果上側が凸の曲がりを示す現象。

レタス種子の高温による温度休眠は、エチレンまたはサイトカイニンで部分的に破られるが、エチレンの作用は赤色光またはジベレリンの存在下でのみみられる。また、温度休眠のレタス種子は2℃の処理で休眠が破られるが、その際、エチレン生成の増加がみられる。

i. 休眠芽の発芽促進：スイセン、チューリップ、ユリなどのりん茎、フリージア、グラジオラス、クロッカスなどの球茎、球根ベゴニア、シクラメンなどの塊茎、ダリアなどの塊根、アイリスなどの地下茎は、一般に夏の気温の高い時期に休眠し、気温が低くなると芽が生長し始める。これらの花を早く咲かせようとするには、人為的に低温処理やエチレン処理すれば、休眠が打破される。これらのりん茎、球茎、塊茎、塊根、地下茎を煙でいぶすと、休眠が打破される。これは煙中に含まれるエチレンによるものである。ジャガイモの塊茎、イチゴ苗の休眠芽もまたエチレンで発芽を早めることができる。

j. 果実の追熟促進：エチレンは果実の追熟を促進する。果実にはクリマクテリック型呼吸をするものと、非クリマクテリック型呼吸をするものとがある（表1-3）。クリマクテリック型呼吸をする果実は、追熟が始まる直前に急激な呼吸の上昇がみられる。他方、非クリマクテリック型呼吸をする果実は、追熟の期間中呼吸の変化は少なく、低く保たれている。クリマクテリック型果実では、エチレンが生成されないような条件に置かれたり、生成するエチレンを除去したりすると追熟の過程が遅れる。しかし、エチレンを添加すれば再び追熟の進行がみられる。果実は追熟の始まる前は、低いレベルのエチレンを生成しているが、内部のエチレン濃度がある値以上になると追熟が始まる。

　エチレン生成はACCの合成によって調節されている。追熟の始まる前にはACC合成酵素活性は低く、またACCからエチレンへの転換能も低い。しかし追熟が始まって、エチレン生成がピークに達する直前にはACCレベルはピークに達する。

　非クリマクテリック型の果実も、通常、継続的にエチレンを与えれば、呼吸の上昇を誘導し、追熟が促進される。オレンジやミカンなどはエチレン処理により着色が促進される。しかし、非クリマクテリック型の果実で

表 1-3 クリマクテリック型および非クリマクテリック型呼吸をする果実 (植物のホルモン 勝見, 裳華房, 1991)

クリマクテリック型		非クリマクテリック型
アボカド	モモ	イチゴ
アンズ	メロン	オリーブ
イチジク	リンゴ	オレンジ
カキ		カカオ
グアバ		キュウリ
スイカ		グレープフルーツ
チェリモイヤ		チェリー
トマト		パイナップル
パッションフルーツ		ブドウ
バナナ		ブルーベリー
パパイア		レイシ
プラム		レモン
マンゴー		

は、エチレンは追熟の過程においては重要な働きをしていないようである。

k. 離層の形成と器官離脱の促進：葉、果実、花官、芽などの器官が茎から脱離するのは、これらの器官の付け根に形成される離層のためである。離層では、細胞壁が分解して細胞間の分離が起こる。エチレンはこのような離脱を促進する。エチレン処理すると、離層が形成される組織の細胞は拡大を起こす。同時に、セルラーゼやポリガラクツロナーゼの活性が高まって細胞壁の分解が起こり、脱離が起こる。オーキシンは、エチレンとは反対に、離層形成を抑える。

l. 老化の促進：葉の老化の特徴はクロロフィルの分解による黄色化である。葉の切片をエチレンで処理すると、老化の特徴である、クロロフィル、タンパク質、デンプンなどの分解がみられ、これらの分解や関連反応過程の各種加水分解酵素の活性が高まる。エチレン合成阻害剤は、タバコ葉片の老化にみられる呼吸の上昇を止めることができる。自然条件下で無傷植物が老化する際には、葉の黄化の進行と共にエチレンの生成が増加する。花は受粉すると枯れるが、受粉によって急速にエチレンの生成が増加する。花の老化もエチレンが関与している。

E. アブシシン酸

　アブシシン酸（ABA）が発見されるまでには、主として3つの領域の研究の流れがあった。第1は、芽の休眠と関係があり、芽の成長を抑える物質の追及である（休眠促進）。第2は、植物組織からのオーキシン抽出分画中の、アベナ幼葉鞘やエンドウ茎切片のオーキシン生物検定法で阻害作用を示し、オーキシンと相反作用をもつ物質の研究である（成長抑制）。第3は、葉・茎・果実の器官離脱を引き起こす物質の探索である（離層形成）。これらの研究は、いずれも共通の物質、ABAに行きつくことになった。しかしながら、その後の研究で発見の端緒となった器官離脱や芽の休眠における関与については否定的な報告が多く、現在ではABAは器官離脱や芽の休眠誘導には直接的に関与していないものとされている。さらに、ABAは一般的に、無傷植物や茎切片の成長を阻害するが、逆に促進する場合もあるので、一概に成長抑制ホルモンとは断定できない。オーキシンやジベレリンによる幼葉鞘・茎切片の伸長促進は、おおむねABAによって抑制されるが、その抑制は競争・拮抗的なものではない。

　一般的にABAは植物体における**ストレスホルモン**としての役割をもち、ストレスを誘導するさまざまな環境要因によって合成される。乾燥ストレスを与えた多くの植物の葉でABAの増加がみられ、乾燥ストレス下での気孔の蒸散作用を抑制している。ABAはそのほか低温での寒冷および凍結抵抗性の誘起、種子や芽が外界から身を守るための休眠期の維持に関与している。

　ABAは高等植物ではほとんどの器官、組織に分布する。これはABAが道管・師管を通って転流されるからである。ABAは葉・根・未熟種子で合成される。葉では葉肉細胞の葉緑体に多量に蓄積され、乾燥ストレスが葉にかかると、この量が倍増し、細胞質ではさらに10倍以上に増加する。

a. 種子形成時における物質集積：種子が成長するときは、単子葉類、双子葉類にかかわらず、一般にABA含量もそれに伴って増加することが多い。ABA含量は、貯蔵物質が蓄積され、成果になったときに最大となる。種子が完成して、水分を失い、乾燥に入るとABAは急激に減少する。ダイズの子葉では、内生ABAの量とショ糖の取り込みとの間に正の相関が示されている。高い濃度のABAが検出されるのは、種子の貯蔵物質の蓄積が

盛んな時期であり、種子のシンク組織（師管からの転流物が蓄積される組織）で検出される。また、コムギ、オオムギなどの若い種子にABAを与えると、同化産物の種子への転流が盛んになる。これらの事実からABAは種子形成時の物質の集積に関わっていると考えられる。

　種子形成時におけるABAの役割のもう1つは、未熟胚の発芽が起こらないようにしていることである。多くの植物で、種子形成の中期の胚を摘出して培養すると早熟発芽するが、ABAを加えると、その発芽は抑制される。一方、胚発生は継続し、貯蔵物質の蓄積はみられる。さらに、成熟期後期には、ABAは発芽を永続的に阻害する。まだ発芽していない若い種子はABA含量が高く、胚が発芽能力を得てからも、はじめは、発芽までの時間が長いが、時間がたつにしたがって発芽までの時間が短くなる。この短縮はABA含量の減少と平行関係にある。

b. 種子の休眠誘導：一般に、種子が母体上で成熟する時期の終わり頃に休眠性が獲得される。休眠の程度は、この時期の環境条件に大きく依存している。種子が成熟するときにABAの合成が阻害されると、休眠に入ることが阻害される。このことは、ABAが休眠誘導の原因になっていることを示している。

c. 気孔の閉鎖：気孔の閉鎖作用は、ABAのもっとも重要な作用である。1960年代の後半に、木本植物にABAを与えると、蒸散が減少することが発見され、それがABAによる気孔閉鎖であることが明らかになった。その後、ABAによるこの作用は普遍的に認められるようになった。また、植物が乾燥ストレスをうけると、気孔が閉鎖して水分の蒸散を防ぐのは、ABA含量の増加の結果である。

　ABA発見とその名前の由来は器官脱離（abscission）の現象と関係していたが、現在では、ABAは器官脱離には直接関係していないとされている。ABA含量は一般に若い葉のほうが加齢した成葉よりも多く、老化の進行とABA含量の変化との間には直接的な関係はない。多くの果実で、ABA含量は追熟に向かって増加することが知られているが、その増加が追熟の引き金になっているのではない。

F. ブラシノステロイド

1970年、アメリカのミッチェルらはセイヨウアブラナの花粉のなかに新しいタイプの植物成長物質を見出した。1979年には、グローブらによってその活性物質が単離、構造決定がなされ、**ブラシノライド**と命名された。ブラシノライド（BR）は、ステロイド化合物である。ステロイド物質には動物や昆虫のホルモンとして重要な生理活性物質をもつものが多いが、植物自身が生産し、微量で、しかも非常に高い生理活性を示すものはBRが初めての発見である。その後、40種類を超える類縁体が天然から見出されている。これらを総称して**ブラシノステロイド（BS）**とよばれる。BSは、藻類、裸子植物、被子植物などの植物界に広く分布する。

BSは一般に成長を促進する。茎の切片を用いる系で、オーキシンと同様に伸長を促進するが、オーキシンに比べて1/100も低い濃度で効果がある。キュウリ胚軸切片では、オーキシンは$1\sim10\ \mu\mathrm{mol}$が、BRでは$1\sim10\ \mathrm{nmol}$が至適濃度である。BSとオーキシンの伸長促進機構は異なっている。キュウリ胚軸切片におけるBSの作用はオーキシンと相乗的であり、かつ、抗オーキシンなどでオーキシンの作用を抑えると、BSの作用は著しく抑えられるので、BSの作用発現には内生のオーキシンの何らかの関与が考えられる。

BSの特徴的な作用の1つは、イネ葉身屈曲である。イネの芽生えにBSを与えると、葉身と葉鞘の接合部で葉身が屈曲する。ジベレリンやオーキシンも同様な作用を多少示すが、BSはずっと低い濃度できわめて顕著な屈曲を引き起こす。この作用は、BSの生物検定に広く使われている。

BSの生理作用としては、ほかにナノモル（nmol）レベルの濃度で、細胞伸長、細胞分裂、維管束系の分化、エチレン生成促進、ストレス耐性などがある。

BRは植物ステロールであるカンペステロールから合成される。

G. ジャスモン酸

ジャスモン酸はジャスミンの花の精油成分の1つで、ジャスモン酸（JA）のメチルエステル体（メチルジャスモン酸（MeJA））として最初に単離された。ジャスモン酸およびメチルジャスモン酸は、低濃度でさまざまな生理現象を引き起こす。JAおよびその類縁化合物が関わる生理作用には、成長阻害や

老化促進効果のほかに、病虫害抵抗性などの防御反応、エリシター*による二次代謝産物の合成、離層形成、蔓の巻きつき、塊茎形成などがある。

H. 植物ホルモンの合成部位

それぞれの植物ホルモンの生産能力の高い組織が存在する。オーキシンは主に茎の頂芽や若い葉、分裂組織、未熟種子で合成される。ジベレリンも若い茎や葉、未熟種子で合成される。サイトカイニンやアブシシン酸は根、葉、未熟種子、果実などで合成される。エチレンは果実、茎や葉で合成される。ブラシノステロイドは花粉、未熟種子、茎の頂芽で、ジャスモン酸は葉、茎、未熟種子で合成される。

植物体内では、どの植物ホルモンも常に合成されていると考えられている。ただし、若いときには、オーキシンやジベレリン、サイトカイニンの合成が盛んであり、加齢に伴ってアブシシン酸、エチレン、ジャスモン酸の生産が高まる。オーキシンやジベレリンの合成量は生殖成長期に再び上がる。また、植物がストレスを受けると、アブシシン酸、エチレン、ブラシノステロイド、ジャスモン酸の合成が促進される。

I. 植物ホルモンの作用機作

植物ホルモンは細胞を構成する膜上にあるレセプター（受容体）に認識され、その分子構造の変化が細胞内で一連の化学シグナルを誘起する。タンパク質のリン酸化と、それに伴う構造変化がそのなかでも中心的な役割を担っている。最終的には転写因子の活性を制御することで遺伝子レベルでの応答反応がなされる。

エチレン分子はレセプター（ETR1）に結合する。ETR1はヒスチジンリン酸化酵素（ヒスチジンキナーゼ）である。ETR1にエチレン分子が結合すると、タンパク質の構造変化が生じ、ヒスチジン残基のリン酸化が起こる。続いてセンサータンパク質のアスパラギン酸残基にリン酸残基が転移する。その構造変化はさらに別のプロテインキナーゼ（タンパク質リン酸化酵素）を刺激する。

---

*植物に病害抵抗性を誘導させる物質。通常は病原菌の細胞壁から由来した多糖類である。

こうして、エチレン分子の刺激がタンパク質のリン酸化という化学シグナルに転換され、細胞内を伝わっていく（**タンパク質リン酸化カスケード**、カスケードは滝の意味）。エチレン以外ではサイトカイニンとブラシノステロイドのレセプターが単離されている。サイトカイニンのレセプターはヒスチジンリン酸化酵素であり、ブラシノステロイドのレセプターは膜貫通型タンパク質リン酸化酵素である。

　植物ホルモンに応答して発現される遺伝子は、数多く見つかっている。植物ホルモンの存在下で、発現の抑えられるもの、促進されるもの、数分で誘導されるもの、あるいは数日かかるものなど、その応答様式はさまざまである。これらの遺伝子は、ごくわずかを除いて植物ホルモンに対して直接応答するわけではない。植物ホルモンによって活性化されたシグナル伝達経路の末端に位置する遺伝子群で、おそらく直接、生理変化に関係するタンパク質をコードしている。ジベレリンによって転写活性が増加するα-アミラーゼ遺伝子などはその例である。

1.6　トランスポゾン

　1940年代にマクリントックがトウモロコシの染色体上に、特定部位を切断する遺伝因子があること、しかもその因子はゲノム上のある部位から別の部位へ転移しうること、トウモロコシの実の斑入りが容易に変異する現象は、それらの因子の転移の結果生じることを発表した。しかし、当時はこの発表は受け入れられなかった。マクリントックのこの報告が再評価されるようになったのは、1970年代の後半になってからである。この年代になると、大腸菌のプラスミドやファージゲノム上で数多くの挿入因子（IS）やトランスポゾン（Tn）が発見され、可動遺伝因子の分子レベルでの解析は飛躍的に進んだ。そして、そのことがきっかけでマクリントックの仕事が再評価されたのである。

　DNAのさまざまな位置に移動することができるひとつながりの決まったDNA単位は**トランスポゾン**とよばれる。トランスポゾンは**転移可能因子**、可

動遺伝子、可動 DNA ともいう。

　トランスポゾンは、分子生物学の有力な研究手段の 1 つとして利用されている。まず、トランスポゾンにより遺伝子を運搬しゲノムに導入することができる。また、トランスポゾンの挿入により変異を作出し、遺伝学的な解析が容易になる（トランスポゾンタギング）（201 ページ参照）。

　トランスポゾンは DNA のままで転移する **DNA 型トランスポゾン**と、転移の中間体として生じた RNA が逆転写酵素により cDNA となって転移する**レトロトランスポゾン（レトロポゾン）**に大別される。

　また、トランスポゾンは、その転移様式から、転移に伴ってコピー数が増加する**重複性転移**と、トランスポゾンの脱離と再挿入により転移する**保存性転移**に分けられる（図 1-44）。

　レトロトランスポゾンは重複性転移を行うのに対し、DNA 型トランスポゾンは保存性転移を行う。

　植物トランスポゾンについて遺伝学的にも生物学的にもよく解析されているのはトウモロコシの系で、よく知られた *Ac/Ds* 系や *En/Spm* 系（共に DNA 型トランスポゾン）のほかにも数多く存在する。

（1）　DNA 型トランスポゾン

　ＤＮＡ型トランスポゾンは**トランスポゼース**（転移を触媒する酵素、**トランスポザーゼ、転移酵素**）をコードしている。活性のあるトランスポゼース遺伝子をもち、自ら転移できるトランスポゾンを自律性因子とよぶ。一方、自律性因子の内部が欠失や置換変異を起こした結果、トランスポゼース遺伝子に欠損が生じ、自ら転移することができず、同じ細胞内に共存している自律性因子から活性なトランスポゼースを供給されたときにだけ転移できる因子を非自律性因子という。すなわち、非自律性因子はトランスポゼースの結合領域など転移に必要な領域をもっているトランスポゾンである。トランスポゾンは転移すると挿入部位の数 bp を重複させるので、挿入されたトランスポゾンの両側には順向きの**標的重複**を生じる。

　植物の DNA 型トランスポゾンは、因子両末端に逆向き反復配列（IR）をもち、その構造上の長さや配列、また標的重複の塩基数は、それぞれのトランス

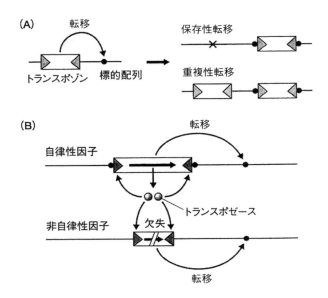

図 1-44　トランスポゾンの概念図　（植物分子生物学　山田編，朝倉書店，1997）
　(A)　保存性転移と重複性転移：○印は標的配列を示し、転移により標的重複が起こる。×印は保存性転移による因子の脱離を示す。
　(B)　自律性因子と非自律性因子：DNA型トランスポゾンの場合は、同じ細胞内に共存している自律性因子から活性なトランスポゼースを供給されたときにだけ転移できる。

ポゾンに固有であるが、IR の配列間の相同性からトランスポゾンをおおまかに *Ac/Ds* 系、*En/Spm* 系、*Mu* 系に分けられる。

（ⅰ）　*Ac/Ds* 系

Ac と *Ds* はマクリントックが発見したトランスポゾンである。自律性因子 *Ac*（*Activator*）は全長 4.6 kbp からなる。その両末端に 11 bp の IR とその内側の 5' 末端から約 240 bp および 3' 末端から約 210 bp の領域は転移に必要な領域である。内部には 5 つのエキソンからなるトランスポゼースの遺伝子が存在する（図 1-45）。非自律性因子 *Ds*（*Dissociation*）は、*Ac* 末端 IR と約 210 bp の領域をもつ *Ac* の内部欠失変異体かあるいは内部置換変異体と、末端の IR 以外は *Ac* とは関係のない配列で置換された *Ds1* に大別される。

（ⅱ）　*En/Spm* 系

Spm（*Suppressor-mutator*）は、*Ac/Ds* より少し遅れてマクリントックによって発見されたものである。トウモロコシの幼苗に縞模様を生じる変異系統から

En-1（*Enhancer-inhibitor*）というトランスポゾンが分離されたが、*En-1* と *Spm* は同じ因子である。

アサガオの *En/Spm* 系に属するトランスポゾン *Tpn1* は、江戸時代に平賀源内が記述した絞り花アサガオの絞り模様形成に関係している。

En/Spm は全長 8.3 kbp で、両末端の 13 bp の IR とその内側の 5' 末端から約 180 bp と 3' 末端から 300 bp の領域が転移に必要であり（これをサブターミナル反復配列という）、さらに内部に 67 kD の TnpA と 131 kD の TnpD の 2 つのトランスポゼースの遺伝子がコードされている（図 1-45）。これらのトランスポゼースは複式スプライシングにより異なる mRNA を介して生じる。

(iii) *Mu* 系

Mu（*Mutator*）の活性は名前が示すようにトランスポゾンの挿入と脱離によって高頻度で変異を起こす。自律性の *Mu* 因子 *MuDR*（4.9 kbp）は約 220 bp の末端 IR をもち、この間には MdrA、MdrB1 と MdrB2（*mdrB1* 遺伝子内のイントロンがさらにスプライシングを受けて生じる）の 3 種類のトランスポゼースをコードしている（図 1-45）。

(2) レトロトランスポゾン

レトロトランスポゾンはコケ植物から種子植物まで普遍的に存在し、植物ゲノムの再編成に少なからず関与しているものと思われる。現在までにコケ植物から種子植物まで約 100 種類の植物において、LTR レトロトランスポゾンの存在が明らかにされている。

植物のレトロトランスポゾンの大部分は、その構造的特徴から LTR をもつタイプ（LTR 型）ともたないタイプ（非 LTR 型）に分けられる。LTR をもつ **LTR レトロトランスポゾン**の両末端には LTR（long terminal repeat）とよばれる順向きの反復配列が存在する。LTR 上に存在するエンハンサー・プロモーターにより RNA 合成が制御され、合成された RNA を鋳型として逆転写により DNA へと変換され転移を行う。内部には転移に関与する 2 つの遺伝子（*gag* と *pol*）が存在し、*gag* は RNA を包み込むタンパク質を、*pol* は逆転写および核ゲノムへの組み込みに必要な逆転写酵素、RNA 分解酵素（RNaseH）、RNA 挿入酵素（integrase）をコードする（図 1-46）。LTR レトロトランスポゾン

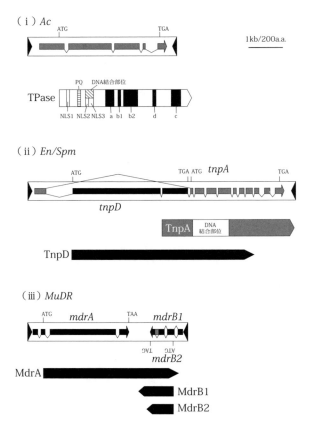

図1-45　植物の代表的なDNA型トランスポゾンとトランスポゼースの構造（Fedoroff and Chandler, 1994, Feidmar and Kunze, 1991, Boehm, et al., 1995, Frey, et al., 1990を改変）
大きな長方形はトランスポゾンを示す。トランスポゾン内の両端の黒三角形は末端IRを、横向き矢印はトランスポゼースのエキソンを示す。TPase, TnpA, TnpD, MdrA, MdrB1, MdrB2はトランスポゼースを、tnpA, tnpD, mdrA, mdrB1, mdrB2はトランスポゼース遺伝子を示す。

は動物のがんウイルスやエイズウイルスの属するレトロウイルスのプロウイルスと類似の構造をもち、動物のレトロウイルスはLTRレトロトランスポゾンから進化したと考えられている。植物にはレトロウイルスのような複製機構をもったウイルスは存在しない。

非LTRレトロトランスポゾンは、大きさおよび起源により2つのタイプに分けられ、**LINE**（Long interspersed element：長分散型反復配列）と**SINE**（short

(A) LTRレトロトランスポゾン

(B) 非LTRレトロトランスポゾン
  (a) LINE
  (b) SINE

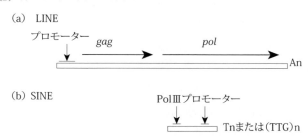

図1-46 LTRレトロトランスポゾンの基本構造

interspersed element：短分散型反復配列）とよばれている。LINE にはトウモロコシやユリからそれぞれ単離された *Cin4* や *del2* がある。LINE は 3' 末端にオリゴ（A）をもち、内部には転移に関与する、すなわち逆転写および核ゲノムへの組み込みに必要な遺伝子がコードされている（図1-46）。SINE にはイネやタバコからそれぞれ単離された *p-SINE1* や *Ts* がある。SINE は構造解析から tRNA 起源と考えられる。また、内部には RNA ポリメラーゼ III のプロモーター配列が存在し、*in vitro* の転写実験から *Ts* は RNA ポリメラーゼ III により転写されることがわかった。

これまでに植物において数多くのレトロトランスポゾンの存在が明らかにされたが、LTR レトロトランスポゾンの一部を除き転移活性は証明されていない。また、転移活性を有するものでも、通常の条件下では全く活性を示さず、組織培養、ウイルスや病原菌の感染により活性化される。

1.7 植物ウイルス

　植物ウイルス、動物ウイルス、細菌ウイルスのうちで最初に研究されたのは植物ウイルスのタバコモザイクウイルス（*Tobacco mosaic virus*, TMV）である。1892年、ロシアのイワノウスキーは、タバコにモザイク症状を示す病原体が当時滅菌用の陶器製細菌ろ過器の孔を通り抜けるという大発見をした。しかし細菌の毒素かあるいは非常に小型の新しい細菌がろ過器を通過したと考えた。6年後の1898年、オランダのバイエリンクは、タバコのモザイク症状は細菌ではなく、"伝染性の活性液"によって起こるとし、この活性液はタバコの生きた細胞内でのみ増殖すると考え、"ウイルス"と名付けた。これが世界におけるウイルスの最初の発見である。のちにこの病原体はタバコモザイクウイルスとよばれるようになった。バイエリンクによる発見と同じ年に、ドイツの獣医学者レフラーらはウシの口蹄疫の病原体がろ過性であることを報告し、彼らもこの病原体が細菌より小型の微生物であると考えた。ウイルスの実体が明らかになったのは、1935年、ロックフェラー研究所のスタンレーがタバコモザイクウイルス（TMV）の精製に成功し、そしてそれが結晶化されてからである。スタンレーはこの業績により1946年にノーベル賞を受賞した。TMVが結晶化されたことは、ウイルスが"微生物"であると信じていた当時の研究者達を驚かせた。彼らにとって、結晶化されるような化学物質のなかに、生命の基本的属性が秘められていたことは、大きな衝撃であった。そして予期されたように、ウイルスは"生物か無生物か"、また"どのようにして生体内で増殖するのか"という疑問が生まれ、多くの人々の間で議論された。多くの研究成果を踏まえて、ウイルスは次のように定義されている。「ウイルスは、1分子ないし数分子のRNAまたはDNAからなる感染因子で、1種類ないしは数種類のタンパク質あるいは脂質タンパク質に覆われている。このようなウイルスは特定の宿主の細胞内でのみ複製することができ、その核酸を細胞から細胞に伝達することができる。ウイルスは複製を行うために、宿主の核酸合成系、転写系あるいはタンパク質合成系を利用する。ウイルスは、ウイルス核

酸の変異や組換えによって絶えず変異株や組換え体が生じる。」

A. ウイルス粒子の形態とゲノム構造
（1） ウイルス粒子の形態

　植物ウイルス粒子の形態は、棒状、ひも状、球状、桿菌状、双球状に分けられる（図1-47）。このようにウイルス粒子はさまざまな形態をとるが、ウイルス粒子の基本構造は、ゲノムとしてのRNAまたはDNAのいずれか一方をもち、それをタンパク質の外殻（**カプシド**という）によって包まれたものである。カプシドにはらせん型と正二十面型とがある。らせん型は核酸のらせん軸に沿って**サブユニットタンパク質**がらせん型に配列する様式である。棒状のTMV（300 nm × 18 nm）やひも状のジャガイモYウイルス（*Potato virus Y*、PVY、730 nm × 11 nm）がこれにあたる。TMVは約2120個のサブユニットがRNAのまわりをらせん状に結合し、円筒を形成している（図1-48a）。正二十面型は、カプソメアまたはカプソマーとよばれる形態的単位が正二十面体に配列する様式である。キュウリモザイクウイルス（*Cucumber mosaic virus*、CMV、直径28〜30 nm）、*Turnip yellow mosaic virus*（TYMV、直径

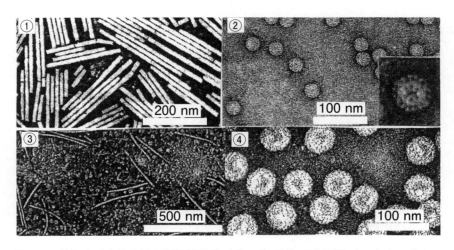

図1-47　植物ウイルスの電子顕微鏡写真　（②〜④　出典：CMI/AAB：description of plant viruses）
　① タバコモザイクウイルス　② キュウリモザイクウイルス　③ ジャガイモYウイルス
　④ カリフラワーモザイクウイルス

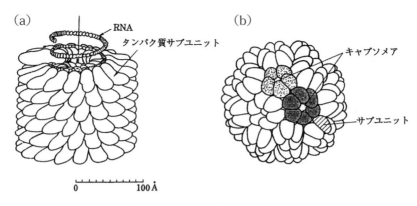

図1-48 棒状ウイルスであるタバコモザイクウイルス粒子（a）と球状ウイルスである *Turnip yellow mosaic virus*（b）の構造モデル
（a：Klug and Casper, 1960, b：Finch and Klug, 1960）

29 nm）（図1-48b）やカリフラワーモザイクウイルス（*Cauliflower mosaic virus*、CaMV、直径50 nm）がこれにあたる。

　植物ウイルスでは、ゲノムとして一本鎖RNAを有するウイルスが約70%を占め、それ以外のウイルスは二本鎖RNA、一本鎖DNAあるいは二本鎖DNAのいずれか1種類をもっている。TMVでは1個のウイルス粒子が1分子の核酸（RNA）をもっていて、単一ゲノムウイルスとよばれるが、ウイルスのなかにはウイルスゲノムが複数の核酸分子から構成されている場合があり、これを**分節ゲノム**とよんでいる（図1-49）。とくに、分節ゲノムが2つの粒子に分かれている場合を二粒子分節ゲノムといい、3つの粒子に分かれている場合を三粒子分節ゲノムという。TMVやPVYは単一ゲノムで、CMVは**三粒子分節ゲノム**である。分節ゲノムが一個のウイルス粒子内に存在する場合のゲノムを**単粒子分節ゲノム**という。イネ萎縮ウイルス（RDV）がこれにあたる。また、CMVのように複数の粒子からなるウイルスを多粒子性ウイルスという。

図1-49 キュウリモザイクウイルス粒子内におけるゲノムの分布（三粒子分節ゲノム）

1.7　植物ウイルス

（2）タバコモザイクウイルス、キュウリモザイクウイルス、ジャガイモYウイルスおよびカリフラワーモザイクウイルスのゲノム構造

　植物ウイルスの多くは一本鎖の（＋）RNAをゲノムとしてもち、このRNAはそれ自体でmRNAの機能があり、感染性がある。これに対して、（－）RNAをゲノムとしてもつウイルスがある。このゲノムRNAにはmRNAの機能や感染性がない。粒子内のRNA転写酵素によって（－）RNAから（＋）RNAが転写されたあとに増殖が起こる。タバコモザイクウイルス、キュウリモザイクウイルス、ジャガイモYウイルスは一本鎖の（＋）RNAウイルスである。カリフラワーモザイクウイルスは数少ない二本鎖DNAウイルスの1つである。

a.　タバコモザイクウイルス

　　タバコモザイクウイルス（TMV）粒子は棒状（300 nm×18 nm）で、その核酸は一本鎖RNAである。主な自然発生植物はタバコ、トマト、ピーマンなどで、いずれの植物もTMVは全身感染し、モザイク症状を呈する。寄主範囲は広く、ナス科、キク科、マメ科などの双子葉植物に感染する。汁液接種は容易である。接触伝染、土壌伝染、種子伝染をする。

　　TMV RNAは約6400塩基からなり、ORF1、ORF2、ORF3、ORF4はそれぞれ126K、183K、30K、17.5Kタンパク質遺伝子をコードする（図1-55）。このうち、183Kおよび126Kのタンパク質はウイルスRNAの複製に関与する。183Kタンパク質は126Kタンパク質の読み過ごし（**リードスルー**）タンパク質である。30Kタンパク質は細胞間移行に関わるタンパク質であり、17.5Kタンパク質は外被タンパク質である。30Kおよび17.5Kタンパク質は約6400塩基のTMV RNAから直接翻訳されるのではなく、TMV RNAの複製過程で合成される2つの短いmRNA（**サブゲノミックRNA**）からそれぞれ合成される（図1-50）。

b.　キュウリモザイクウイルス

　　キュウリモザイクウイルス（CMV）は球状（正20面体）粒子で、その直径は28〜30 nmである。CMVはRNA1、RNA2、RNA3、RNA4からなる分節ゲノムをもつ。CMV粒子は、RNA1とRNA2をそれぞれ別々にもつ2つの粒子と、RNA3とRNA4を一緒にもつ粒子の3種類からなる（図1-49）。

第 1 章 植物バイオテクの基礎

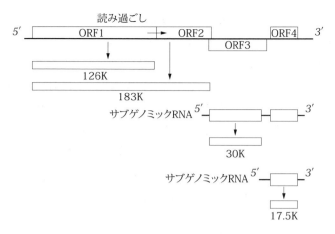

図 1-50　タバコモザイクウイルス RNA の遺伝子地図と発現様式
　TMV は一本鎖 RNA を遺伝子とする。183K および 126K タンパク質遺伝子（それぞれ ORF2 および ORF1）は複製酵素遺伝子である。183K タンパク質は 126K タンパク質遺伝子の終止コドンが 5〜10％ほどのリードスルーを受けて産出される。30K タンパク質遺伝子（ORF3）はウイルスの細胞間移行に関わる遺伝子で、17.5K タンパク質遺伝子（ORF4）が外被タンパク質遺伝子である。30K および 17.5K タンパク質は 2 つの短いサブゲノミック RNA からそれぞれ合成される。

　CMV の主な自然発生植物は、キュウリ、タバコ、ゴボウ、ダイコン、ユリなどで、モザイク、奇形、条斑症状を呈する。寄主範囲は広く、ウリ科、ナス科、キク科、アブラナ科、バラ科、ユリ科などに感染する。汁液接種は容易である。アブラムシにより非永続伝搬される。
　RNA1 および RNA2 の遺伝子産物である 110K および 92K タンパク質はウイルス RNA の複製に関与し、前者はメチルトランスフェラーゼ（メチル基転移酵素）とヘリカーゼ、後者はポリメラーゼである（図 1-51）。RNA3 から翻訳される 32K タンパク質は細胞間移行に関わるタンパク質である。RNA4 は外被タンパク質（24K）を翻訳する（図 1-51）。RNA2 にはもう 1 つの ORF（ORF2b）をもち、その産物は RNA サイレンシングのサプレッサーである（163 ページ参照）。

c. ジャガイモ Y ウイルス
　ジャガイモ Y ウイルス（PVY）の粒子はひも状で、大きさは 730 nm × 11 nm である。約 9,700 塩基の 1 本の長い一本鎖 RNA をゲノムとし

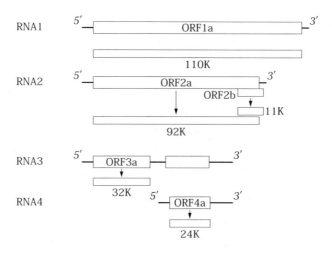

図1-51　キュウリモザイクウイルス RNA の遺伝子地図と発現様式
CMV RNA は RNA1 〜 RNA4 の分節ゲノムからなる。ORF1a および ORF2a はウイルス RNA の複製に関与し、ORF1a はメチルトランスフェラーゼ（メチル基転移酵素）とヘリカーゼ遺伝子、ORF2a はポリメラーゼ遺伝子をコードする。ORF3a は細胞間移行タンパク質の遺伝子、ORF4a は外被タンパク質遺伝子をコードする。ORF2b は RNA サイレンシングのサプレッサータンパク質をコードする。

てもつ。主な自然発生植物はジャガイモ（病徴；葉にえそや細かく不規則な凹凸が生じる）やタバコ（病徴；モザイク）である。寄主範囲は主にナス科植物である。汁液接種は容易である。アブラムシにより非永続伝搬される。

　PVY の RNA ゲノム上には 1 個の遺伝子が存在し、300K 程度の巨大な 1 個のタンパク質（ポリタンパク質）を翻訳する。ゲノム RNA の 5' 端には VPg（ゲノム結合タンパク質）、3' 端にはポリ A 配列が存在する。このポリタンパク質分子内にはタンパク質分解酵素（プロテアーゼ）活性を示す領域が存在しており、翻訳されたタンパク質は特定の箇所で自己分解的に切断（プロセシング）される。最終的には昆虫伝搬を介助するタンパク質、複製酵素、外被タンパク質など少なくとも 9 個のタンパク質になる。

d.　カリフラワーモザイクウイルス

　カリフラワーモザイクウイルス（CaMV）の粒子は直径 50 nm の球状（正 20 面体）である。CaMV ゲノムは 3 カ所にギャップをもつ環状二本

鎖 DNA（約 8,000 塩基対）である。主な自然発生植物はカリフラワー、キャベツ、ハクサイ、ダイコンなどのアブラナ科野菜（病徴；モザイク、斑紋）である。寄主範囲は主にアブラナ科植物である。汁液接種は容易である。アブラムシにより非永続伝搬される。

　CaMV DNA は 7 個の遺伝子からなる。ORF1 は細胞間移行に関する移行タンパク質をコードしている。ORF2 と ORF3 はアブラムシ伝播に関するタンパク質をコードしている。ORF4 は外被タンパク質をコードしている。ORF5 は逆転写酵素をコードするが、逆転写酵素の保存配列のほか、アスパラギン酸プロテアーゼおよび RNaseH の保存配列をもっている。ORF6 は封入体の主要構造タンパク質をコードしているが、ほかのタンパク質のトランスアクティベーターとしても働く。ORF7 にコードされるタンパク質の機能は未知である。感染に必須ではなく、ほかのカリモウイルスでは検出されないこともある（図 1-52）。

　CaMV DNA の複製機構を図 1-53 に示した。CaMV DNA は逆転写を介した DNA → RNA → DNA という特異的な複製様式をとり、ポリシストロニックな mRNA である 35S RNA はウイルス複製の際のゲノム DNA を合成する逆転写の鋳型となる。CaMV DNA は感染した細胞の核内でヒストン様タンパク質と結合した約 40 個のヌクレオソームからなるミニクロモソームとなる。ミニクロモソームの DNA はギャップが修復されたスーパーコイル状である。ミニクロモソーム DNA から 35S RNA のポリシストロニックな mRNA が転写されるが、この RNA はゲノム DNA を合成する逆転写の鋳型となる。逆転写の際にはメチオニン tRNA をプライマーとして利用し、ウイルスがコードする逆転写酵素により α 鎖 DNA が合成される。α 鎖の合成に伴って鋳型の 35S RNA は消化されていくが、$\Delta 2$、$\Delta 3$ 部位にあるプリンリッチな配列に相補的な RNA が残され、それをプライマーとして相補鎖である β 鎖、γ 鎖が合成される。このようにして最終的に 3 カ所にギャップをもった CaMV のゲノム DNA が合成される。

　CaMV DNA から転写される mRNA には 35S RNA と 19S RNA（ORF6 の mRNA）の 2 種類があり、35S RNA および 19S RNA のそれぞれが転写される領域の上流に存在するプロモーターを、35S プロモーターおよび

1.7 植物ウイルス

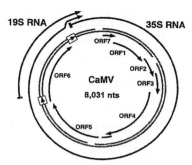

図1-52 カリフラワーモザイクウイルス DNA の遺伝子地図
　四角で囲まれた矢印はプロモーターの位置を示す。ORF1；移行タンパク質遺伝子、ORF2 と ORF3；アブラムシによる伝搬に関与する遺伝子、ORF4；外被タンパク質遺伝子、ORF5；逆転写酵素遺伝子（逆転写酵素の保存配列のほか、アスパラギン酸プロテアーゼおよび RNaseH の保存配列も存在）、ORF6；封入体の主要構造タンパク質遺伝子（ほかのタンパク質のトランスアクティベーターとしても働く）、ORF7；未知（感染に必須ではなく、ほかのカリモウイルスでは認められないこともある）。（出典：Fauquet, C.M., Mayo, M.A., Maniloff, J., Dessdberger, u. and Ball, L.A. eds. (2005): *Virus Taxonomy, Classification and Nomenclature of Viruses, 8th ICTV Report of the International Commitee on Taxonomy of Viruses, Elsevier/Academic Press*）

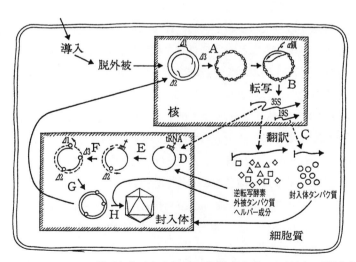

図1-53　カリフラワーモザイクウイルス DNA の複製（Pfeiffer and Hohn, 1983 を改変）
　宿主細胞に侵入後、脱外被した CaMV DNA は核内でミニクロモソーム状になる（A）。ミニクロモソーム状になった CaMV DNA から 35S RNA と 19S RNA が転写される（B）。35S RNA と 19S RNA が細胞質に移動してタンパク質を翻訳する（C）。メチオニン tRNA をプライマーとして利用し、35S RNA を鋳型として α 鎖 DNA を逆転写する（D）。ギャップ2およびギャップ3領域からのプライミングによる β 鎖、γ 鎖を合成する（G）。

19Sプロモーターという。35Sプロモーターはトランスジェニック植物の遺伝子発現の際によく使われる。このプロモーターはウイルスから独立して機能し、CaMVの宿主であるアブラナ科植物だけでなく、多くの単子葉、双子葉植物においても強い活性を示す。35Sプロモーターは準恒常的なプロモーターである。同じ植物細胞のプロモーターとして利用されるノパリン合成遺伝子のプロモーター（NOSプロモーター）の少なくとも30倍の活性を形質転換タバコにおいて、また19Sプロモーターの10〜50倍の活性を形質転換ペチュニアにおいてもつことが示されている。さらに、35Sプロモーターの上流にはエンハンサー領域が存在する。この領域をNOSプロモーターの上流につなぐことによって、3倍程度のプロモーター活性が増大しており、異種のプロモーターのエンハンサーとしても機能する。

B. ウイルスの分類と命名

　植物ウイルスの分類には、動物ウイルスや細菌ウイルスと同様、科、属、種などの階層分類が取り入れられている。粒子の形状、細胞内所見、伝播機構、粒子に含まれる核酸・タンパク質の性状、検定植物における病徴および宿主範囲、血清関係、干渉作用に加え、近年では、ウイルスゲノムの塩基配列の比較が次第に優先的な分類基準となっている。植物ウイルスは、現在では21科、88属に分類されているが、タバコモザイクウイルスなどのような主要なウイルスでも、まだ所属する科が決定されていないものがある。

　階層分類のそれぞれの属には、タイプ（代表）ウイルスが定められている。属名にはタイプウイルスの種名を短縮して名付けられたものが多い。例えばタバコモザイクウイルス（*Tabacco mosaic virus*）が分類される属の名称はタバモウイルス（*Tabamovirus*）属であり、キュウリモザイクウイルス（*Cucumber mosaic virus*）はククモウイルス（*Cucumovirus*）属に分類される。分類上の抽象概念であるウイルス種名を表す場合は、大文字イタリックで表記する。現実のウイルスを示す場合には小文字ローマンで表記する。ウイルスの目、科、亜科、属の名称はすべて先頭の文字を大文字とし、イタリック表記する。これにしたがうと、tobamovirusesとすると*Tabamovirus*属のウイ

ルスを集合的に示すことになる。

C. 感染、増殖と移行
（1） 感染
　植物ウイルスは葉組織のクチクラ層表面に特異的に吸着する機能や能動的に宿主の細胞壁を貫通する機能をもたない。そのため、自然界では植物体表面上の傷や昆虫などの媒介生物の助けを借りて細胞内に侵入する。実験的には、カーボランダム（炭化ケイ素の粉末）などの研磨剤を葉の表面に振りかけ、ウイルス液を**摩擦接種（人工接種）**する（137ページ図2-9参照）。多くのウイルスは摩擦接種することによってできる傷口から感染する。摩擦接種ができず、昆虫によって媒介されるウイルスの場合は、媒介昆虫の吸汁行動によって宿主細胞へ直接注入する接種法がとられる。

（2） 増殖
　タバコモザイクウイルス（TMV）粒子が細胞内に侵入すると、外被タンパク質を脱ぎ裸のRNAになる。これを**脱外被**という。TMVゲノムRNAそのものにmRNAの機能があるので（＋）鎖RNAという。裸の（＋）鎖RNAはリボソームと結合して、まずRNA複製酵素（RNAポリメラーゼ）を翻訳する。この酵素が（＋）鎖RNAを鋳型にしてその相補鎖である（—）鎖RNAを合成する。続いて、合成された（—）鎖RNAを鋳型にしてゲノムRNAである（＋）鎖RNAが合成されるとともに、新たに合成された（＋）鎖RNAから外被タンパク質が翻訳されて、子供のウイルス粒子ができる（図1-54）。

（3） 移行
　植物細胞同士は原形質連絡とよばれる細い通路で結ばれている。**原形質連絡**は細胞壁を貫いて原形質膜と小胞体膜がそのなかを通っており、物質輸送に関わる。通常の植物の葉では原形質連絡はウイルス粒子あるいはウイルスゲノム核酸のような大きな分子は通さないが、植物ウイルスは細胞間移行のための**移行タンパク質遺伝子**をコードしており、この**移行タンパク質**が原形質連絡のサイズを広げることによって、ウイルスゲノム核酸あるいはウイルス粒子は通過

できるようになる。TMVの場合、TMVの移行タンパク質は細胞内でTMV RNAと結合して原形質連絡に運んで隣の細胞への移行を促進している（図1-54）。このように原形質連絡を通って隣接する細胞へウイルスが広がる過程を**細胞間移行**という。さらに通道組織に達したウイルスが、師部を通って全身に広がっていく過程は、**長距離移行**という。多くのウイルスの長距離移行では外被タンパク質が必要とされる。キュウリモザイクウイルス（CMV）では、CMV RNA・移行タンパク質複合体で師部へ移行し、そこで粒子化されることがその後の長距離移行に重要である。

D. 干渉効果（クロスプロテクション）と弱毒ウイルスによる防除

2種のウイルスを同時あるいは前後して同じ植物に接種した場合、それぞれのウイルスの増殖がお互いに影響しあうことがあり、これを**干渉**という。あるウイルス（一次ウイルス）を植物に接種し、一定期間のあとそのウイルスに近縁のウイルス（二次ウイルス）を接種すると、あとから接種したウイルスが増殖できないか、または制限される現象があり、これはウイルスの**干渉効果（クロスプロテクション）**とよばれる。この現象は**弱毒ウイルス**によるウイルス病防除に利用される。すなわち、あらかじめ病原性の弱いウイルス（弱毒ウイルス）を人工的に植物に感染させ、干渉効果によって野生株のウイルスの感染あるいは感染と増殖による病徴発現を回避あるいは軽減する技術である。弱毒ウイルスの作出方法には、自然環境からの選抜、通常より高温やあるいは低温条件下で育成したウイルス感染植物から選抜する温度処理、亜硝酸ナトリウム溶液処理や紫外線処理によりウイルス変異を誘発してから選抜などの方法がある。

1970年代の千葉県では、トマトに発生するタバコモザイクウイルスの防除の目的で、タバコモザイクウイルス（TMV）の弱毒株が使われ、高い防除効果をあげた。その後、弱毒株の利用はTMV抵抗性のトマト品種の利用に替わったが、弱毒ウイルスを実用化した先駆的な事例といえる。1970年代から静岡県におけるマスクメロンの栽培に**スイカ緑斑モザイクウイルス**の弱毒株が利用されてきた。カンキツ類の重要なウイルスである**カンキツトリステザウイルス**では、弱毒系統を利用した防除がブラジルなど海外で1960年代から行われ、日本でも、弱毒ウイルスを感染させたカンキツ苗が利用されている。ダ

1.7 植物ウイルス

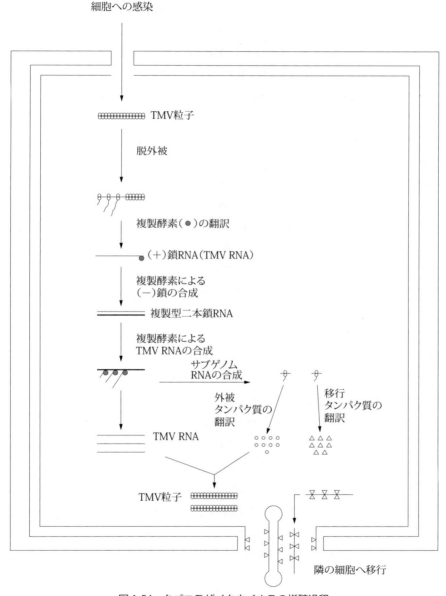

図1-54 タバコモザイクウイルスの増殖過程

イズ(黒大豆)に発生する**ダイズモザイクウイルス**、およびトマトやトウガラシに発生する**キュウリモザイクウイルス**(CMV)に対しても弱毒ウイルスによる防除が行われている。**ズッキーニ黄斑モザイクウイルス**とズッキーニ、CMVとピーマンとリンドウなど、**ヤマノイモえそモザイクウイルス**とナガイモなどの組み合わせにおいて、弱毒ウイルスが利用されている。

　干渉効果の分子機構については次のように考えられている。2つのウイルス間に相同な塩基配列があるとき、一次ウイルスに対して**転写後型ジーンサイレンシング**(PTGS)が起こると、近縁種ではなくても二次ウイルスの阻害が起こることを見出し、PTGSによって干渉効果が説明される(164ページ参照)。TMVの弱毒株L11Aは複製酵素(126Kタンパク質)の1アミノ酸変異であること、さらに、その変異により126Kタンパク質のサプレッサー活性が低減している。したがって、L11Aが感染してしばらくあとにはウイルスを標的とするPTGSが優位となり、L11Aの増殖が抑制されるとともに相同配列をもつウイルスが感染できなくなると考えられる。

E. ウイルスの定量

(1) 生物的定量法

　ウイルス接種によって生じる局部病斑の数と感染性ウイルス濃度は、ある範囲内で直線的な比例関係にあり、ウイルスの相対量の定量が可能である。この方法は**局部病斑法**とよばれる。TMVとN因子をもつタバコ、CMVとササゲ、ジャガイモXウイルスとセンニチコウなどの組み合わせでウイルスの定量が可能である。これらの植物を**検定植物**という。局部病斑法では、葉の主脈を境にした両半葉は感受性にほとんど差がないので、一方に既知濃度の標準ウイルス液を、他方に被検液を接種する**半葉法**がよく用いられる。1つ局部病斑は、1個のウイルスから生じると考えられており、細菌におけるコロニーやバクテリオファージのプラークに相当する。

(2) 理化学的定量法

　核酸とタンパク質は220〜300 nmの波長域でそれぞれ特有の紫外部吸収曲線を示す。したがって、多くのウイルスは260〜265 nmに吸収極大、240

nm 付近に吸収極小を示す（図 1-55）。この性質を利用してウイルスの定量を行うことができる。この方法による定量には純度の高いウイルス試料が必要である。ウイルス量はそのウイルスの吸光係数 $E_{1\,cm}^{0.1\%}$ ［0.1%（1mg/ml）のウイルス試料を 1 cm の光路長で測定した 260 nm での吸光度］から求められる。TMV（RNA 含量 5 %）の吸光係数は約 2.7 である。吸光係数は RNA 含量が高いウイルスほど高く、CMV（RNA 含量 18 %）の吸光係数は約 5.0 である。

（3）　血清学的定量法

　ウイルスを抗原としてウサギなどの免疫動物に注射すると抗血清が得られ、その抗血清中にはウイルスに対する抗体が含まれる。その抗体とウイルスとの抗原抗体反応によってウイルス量を測定することができる。少量で多点数の試料のウイルス量を測定可能な **ELISA**（**エライザ**、**酵素結合抗体法**、**enzyme-linked immunosorbent assay**）がもっとも広く用いられている。ELISA は酵素を結合させた抗体をウイルス抗原に結合させたあとに結合酵素の基質となる

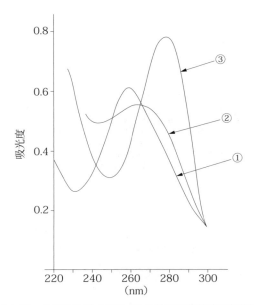

図 1-55　タバコモザイクウイルス粒子の紫外線吸収曲線
① TMV RNA　② TMV 粒子　③ TMV タンパク質

物質を加え、基質の分解を呈色反応としてとらえることにより、ウイルス抗原の定量を行う方法である（図 1-56）。ELISA には二重抗体サンドイッチ法の直接 ELISA（図 1-56a）と、異種抗体を用いる間接 ELISA（図 1-56b）がある。現在では間接 ELISA よりも直接 ELISA のほうがよく利用されている。結合酵素としてはアルカリホスファターゼ、基質としてパラニトロフェニールホスフェートが用いられ、酵素によって基質が切断されて黄色を呈する。波長 405 nm の吸光度によって測定する。感染葉のなかのウイルス量を定量する場合には、横軸にウイルス濃度（μg/ml）、縦軸に吸光度（405 nm）を示した検量線を作成して行う。

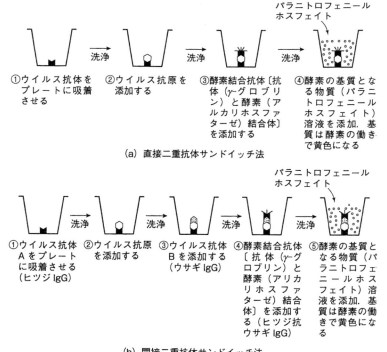

図 1-56　酵素結合抗体法の原理　（植物バイオテクノロジー　池上，理工図書，1997）

F. ウイルスの検出および同定
（1）生物検定法

　汁液伝染するウイルスでは、判別しやすい病徴を示す植物（**指標植物**）に接種を行い、ウイルスの検定を行う。汁液接種が困難なウイルスでは、接ぎ木や媒介昆虫によって指標植物に接種して判別する。表 1-4 に野菜類ウイルスの指標植物による検定例を示す。

表 1-4　栄養繁殖性植物に被害を与えるウイルスと指標植物

植物名	病原ウイルス	おもな指標植物	接種法
サトイモ	キュウリモザイクウイルス (*Cucumber mosaic virus*)	アマランティカラー・キノア・ソラマメ	汁液
	サトイモモザイクウイルス (*Dasheen mosaic virus*)	健全なサトイモ	汁液
サツマイモ	サツマイモ斑紋モザイクウイルス (*Sweet potato feathey mottle virus*)	アサガオ	接ぎ木
ニンニク	ニンニクモザイクウイルス (*Garlic mosaic virus*)	アマランティカラー・キノア・センニチコウ	汁液
	ニンニク潜在ウイルス (*Carrot latent virus*)	ソラマメ	汁液
ネギ	ソテツ萎縮ウイルス (*Cycas necrotic stunt virus*)	アマランティカラー・センニチコウ	汁液
	トマト黄化えそウイルス (*Tomato spotted wilt virus*)	アマランティカラー・ササゲ・センニチコウ	汁液
イチゴ	イチゴクリンクルウイルス (*Strawberry crinkle virus*)	フロガリア バージニア	小葉接ぎ
	イチゴモットルウイルス (*Strawberry mottle virus*)	フロガリア ベスカ（EMC クローン）	小葉接ぎ
	イチゴマイルドイエローエッジウイルス (*Strawberry mild yellow edge virus*)	フロガリア ベスカ（UC-1 クローン）	小葉接ぎ
ワサビ	タバコモザイクウイルス (*Tabacco mosaic virus*)	タバコ	汁液
	カブモザイクウイルス (*Turnip mosaic virus*)	センニチコウ・アマランティカラー	汁液
ショウガ	キュウリモザイクウイルス (*Cucumber mosaic virus*)	アマランティカラー・ササゲ・キノア・ソラマメ	汁液
カーネーション	カーネーション斑紋ウイルス (*Carnation mottle virus*)	セキチク・フクロナデシコ・センニチコウ	汁液
キク	キク徴斑ウイルス (*Chrysanthemum mild mottle virus*)	ペチュニア・ササゲ	汁液
ユリ	チューリップモザイクウイルス (*Tulip breaking virus*)	チューリップ・テッポウユリ・キュウリ・タバコ	汁液
リンゴ	リンゴステムグルービングウイルス (*Apple stem grooving virus*)	マルバカイドウ・ミツバカイドウ	接ぎ木
温州ミカン	温州萎縮ウイルス (*Satuma dwarf virus*)	ササゲ・シロゴマ	汁液

（2） 電子顕微鏡観察による方法

病植物からウイルス粒子を直接検出するには、**ダイレクトネガティブ染色法**（DN 法）や**免疫電子顕微鏡法**（IEM 法）がある。DN 法は、カミソリの刃で切った葉の切断面をグリッド上の 1〜2％リンタングステン酸の微滴に数秒間下し、微滴を乾燥後検鏡すると、棒状やひも状のウイルスを検出することができる。

免疫電子顕微鏡法は、抗原抗体反応を電顕で観察する方法で、感度も高い。グリッド上に希釈した抗血清を 1 滴置き、それに葉の切り口を下して、風乾後逆染色して検鏡する。

（3） 二本鎖 RNA の検出による方法

一本鎖 RNA をゲノムとするウイルスでは、複製過程で複製中間体として二本鎖 RNA を形成する（99 ページ図 1-54 参照）。そこで、感染植物から直接二本鎖 RNA を抽出してポリアクリルアミドゲル電気泳動によって検出することができる。また、ゲノムが二本鎖 RNA であるウイルスについても感染植物から抽出した二本鎖 RNA をポリアクリルアミドゲル電気泳動により検出することができる。

（4） 抗血清を用いる方法

ウサギなどの免疫動物にウイルスを注射して得られた抗血清中にはウイルス抗体が含まれる。その抗血清を用いてウイルスの検出および同定ができる。抗血清を用いたウイルスの検出、同定方法として **ELISA**（**エライザ、酵素結合抗体法**）、**DIBA**（dot immunobinding assay、dot ELISA）や寒天ゲル内拡散法がある。ELISA（図 1-56）は、数 ng/ml の微量なウイルス抗原を検出することを可能とする方法で、かつ大量の試料を同時に扱え得る方法としてウイルスフリー植物の検出などに広く使用されている。

ELISA がマイクロアッセイプレートを固相として用い、発色反応を溶液状態で測定するのに対して、**DIBA** は固相としてニトロセルロース膜などを用い、ウイルスを含む少量の液をスポット状に吸着させ、ELISA と同じ原理に基づいて発色したスポットを肉眼検定する方法である。本法は ELISA より簡便で少

量の抗体および抗原の使用でウイルスを検出することができるが、非特異反応を防ぐために健全葉タンパク質による抗血清の吸収などの操作が必要である。

寒天ゲル内拡散法は寒天ゲル内で抗原、抗体の拡散による沈降反応帯の出現を観察する方法である。本法は、反応帯の融合、分枝（スパー）の形成、交叉などによってウイルス間の抗原性の違いを解析するのに有効である。

タンパク質の SDS-ポリアクリルアミドゲル電気泳動と抗原抗体反応を組み合わせた方法に**ウエスタンブロット法**がある。感染植物の磨砕液を、SDS-ポリアクリルアミドゲル電気泳動したのち、全タンパク質をナイロン膜などに転写する。ナイロン膜を抗ウイルス抗体で処理して、ウイルスサブユニットタンパク質を検出する。ウイルスサブユニットタンパク質の分子量の位置に、バンドとして検出される。

（5） PCR あるいは RT-PCR を用いる方法

PCR は、試験管のなかで、耐熱性 DNA ポリメラーゼ（*Taq* ポリメラーゼ）を利用して、2 つのプライマーで挟んだ DNA 領域を増幅する方法である。各々のウイルスに特異的なプライマーを作製して、PCR 反応を行い、得られた増幅 DNA 断片を電気泳動で検出することによって診断が可能である。植物ウイルスの多くは RNA をゲノムとしてもつもので、この場合には前もってゲノム RNA を逆転写酵素によって DNA（cDNA）にしてから PCR 反応を行う必要がある。この一連の操作を **RT-PCR** とよぶ（106 ページ図 1-57）。

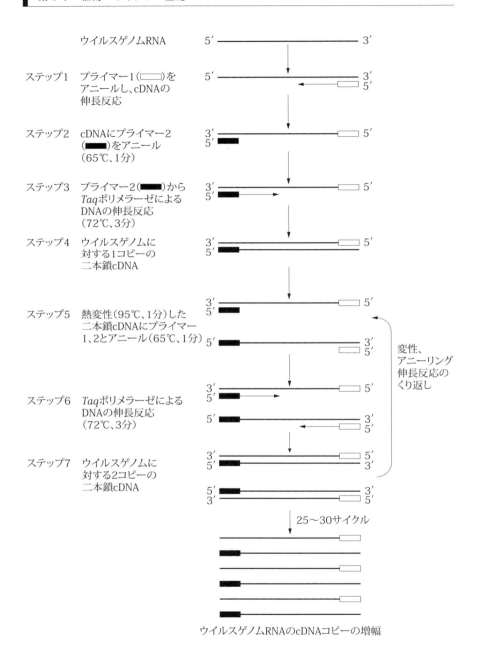

図1-57　ウイルスRNAゲノムを増幅するRT-PCRの原理

第1章 まとめ

―――――― まとめ ――――――

1.1 植物の細胞と組織
1）植物の組織と器官
・植物の組織
分裂組織・・・・・・・茎頂分裂組織、根端分裂組織、形成層
永久組織・・・・・・・表皮組織（クチクラ層、毛、気孔、水孔）
　　　　　　　　　　　柔組織（同化組織、貯蔵組織、貯水組織、分泌組織）
　　　　　　　　　　　機械組織（厚壁組織、厚角組織、繊維組織）
　　　　　　　　　　　通道組織（道管、仮道管、師管）

・植物の器官
　栄養器官・・・根、茎、葉　　　　　生殖器官・・・花、造卵器、造精器

1.2 植物細胞の構造と機能
2）**植物細胞**は細胞膜（原形質膜）とその外側にある細胞壁によって包まれている。細胞壁は、セルロース微繊維とマトリックスゲルからできている。セルロース微繊維は、β-1,4-グルカン分子の集合体である。マトリックスゲルは多糖類とタンパク質からなる。細胞が分化・成熟に伴い、リグニンやスベリンなどが沈着する。

3）**ミクロボディ（ペルオキシソーム）**は一重の単位膜で囲まれており球形である。その機能は、過酸化水素（H_2O_2）の生成を伴いながら特定の代謝物質を酸化的に分解することである。この反応は、オキシダーゼが酸素をH_2O_2に還元する。H_2O_2は強い毒性をもつが、カタラーゼはこれを水と酸素に分解して無毒化する。植物では、その機能によってグリオキシソーム、緑葉ペルオキシソームおよび特殊化していないミクロボディ（非特殊化ミクロディ）の3種類に分類される。

4）**液胞**は、一重の単位膜（液胞膜）からなる。成長した植物細胞では細胞容積の大部分を占め、膨圧の維持に働く。液胞は塩分や養分、あるいは二次代謝産物や老廃物などの貯蓄や分解あるいは解毒の機能をもっている。

5）**小胞体**には、表面にリボソームが付着した粗面小胞体と、リボソームがな

い滑面小胞体とがある。粗面小胞体はタンパク質合成を行っている。これに対して、滑面小胞体はステロイド、脂質、糖などの代謝に関係している。

6) **核内DNA**は、タンパク質複合体と結合してクロマチンを形成している。クロマチンはヌクレオソーム構造を基本単位としている。ヌクレオソーム構造をとったDNAはさらに円状に並び、ソレノイド構造となる。ソレノイド構造はさらに折りたたまれてスーパーソレノイド構造をとり、クロマチンとなる。

7) **ゲノム**とは、個々の生物が存続するのに最低限必要な遺伝子群を含む染色体の1組をいう。**核内遺伝子**はエキソン（遺伝情報をもつ領域）とイントロン（遺伝情報をもたない領域）からなる。1つの遺伝子が重複し、個々の遺伝子が進化の過程で機能分担したものを遺伝子ファミリーという。

8) **テロメア**とは、染色体DNAが細胞分裂に伴って両端から次第に短くなっていくのを防ぐ目的で、染色体DNAの両端に存在する機能構造体をいう。短くなったテロメア配列はテロメラーゼの機能によって補われる。

9) **倍数性**とは、近縁の植物種で基本染色体数が整数倍になっているものをいう。倍数性をもつ個体を倍数体という。
異数性とは、個体または系統が、その固有の基本数xの整数倍より1個ないし数個多い、または少ない染色体数をもつ現象をいう。そのような個体を異数体という。相同染色体が倍加した倍数体を同質倍数体という。異種のゲノムが組み合わさって成立した倍数体を異質倍数体という。

10) **色素体**には、葉緑体、白色体、有色体の3種類がある。光合成は葉緑体で進行する。**葉緑体**は内外2枚の葉緑体膜で包まれ、内部の基質をストロマといい、そこにチラコイドがある。チラコイドは扁平な袋状の構造で、これが密になった部分をグラナという。チラコイドの膜には光合成に必要な酵素群やクロロフィルやカロテノイドなどの光合成色素（同化色素）、電子伝達系、ATP合成酵素などが存在する。ストロマにはDNAや同化デンプン粒などがみられる。

11) **葉緑体ゲノム**は環状2本鎖DNAからなる。葉緑体ゲノムにコードされる遺伝子の発現は葉緑体内の独自の転写、翻訳装置によって行われる。葉

緑体ゲノムの一次転写産物は、5'末端は三リン酸化されたままで、3'末端にはポリ（A）鎖はない。葉緑体プロモーターの多くは大腸菌のプロモーターと同じ構成である。RNA編集（RNAエディティング）がみられる。
12) **ミトコンドリアゲノムは環状2本鎖DNAからなり、そのDNAはマトリックスに存在する。**植物のミトコンドリアゲノムは、サイズ、構造、イントロンの有無、コドン使用、RNA編集の有無などにおいて動物のミトコンドリアゲノムと大きな違いがある。
13) クロロフィルやカロテノイドなどの**光合成色素（同化色素）**は光合成に必要な光エネルギーを吸収する。

1.3 物質代謝における同化と異化
14) **光合成の4つの反応系**
   ① 光化学反応・・・光エネルギーの取り込み（チラコイドで起こる）
   ② 水の分解と $NADPH_2$ の生成・・・水の分解による O_2 の発生と $NADPH_2$ の生成（チラコイドで起こる）
   ③ ATPの生成反応・・・ADPからATPを生成（チラコイドで起こる）
   ④ CO_2 の固定反応・・・CO_2 を取り込み、グルコース（ブドウ糖、C_6 化合物）の合成（カルビン・ベンソン回路）（ストロマで起こる）
15) カルビン・ベンソン回路のカルボキシル化過程に関与する酵素に、**リブロース 1,5-ビスリン酸カルボキシラーゼ／オキシゲナーゼ（ルビスコ）**がある。ルビスコは、8つの大サブユニットと8つの小サブユニットからなる。大サブユニット遺伝子は葉緑体ゲノムに、小サブユニット遺伝子は核ゲノムにコードされている。核コードの小サブユニットタンパク質は、シグナルペプチドがついた前駆体として細胞質で翻訳され、葉緑体内に取り込まれる際に切り離されて成熟した形になる。
16) 光合成の炭素固定経路の違いによって、**C_3 植物、C_4 植物、CAM植物**に分類される。
　　C_3 植物：CO_2 がリブロースビスリン酸（C_5 化合物）に取り込まれて、最初にできる安定な産物がホスホグリセリン酸（C_3 化合物）であることから C_3 植物とよばれる。

C_4植物：2種類の光合成細胞（葉肉細胞と維管束細胞）の間でC_4ジカルボン酸回路とカルビン・ベンソン回路が協調的に働き、光合成を完結する。

CAM植物：ベンケイソウ型有機酸代謝。CO_2固定と有機酸の合成を1日のうち異なる時間に行っている。

17) **転流**とは、光合成産物が、グルコース（ブドウ糖）→同化デンプン→ショ糖と形を変えて、師管を通して植物体の各部へ運ばれることをいう。

18) 真の光合成量＝見かけの光合成量＋呼吸量

19) **陽性植物**のほうが、**陰性植物**に比べて、呼吸量も多く、補償点も高く、光飽和点における光合成量も多い。

20) **グルコース（ブドウ糖）を基質とする呼吸**は次の3つの反応段階からなる。

① 解糖系（細胞質基質）・・・グルコース1分子が酸化分解されて、2分子のピルビン酸と4個の水素原子になる過程で、差し引き2分子のATPが生産される。

② クエン酸回路（TCA回路、クレブス回路）（ミトコンドリアのマトリックス）・・・ピルビン酸から生じたアセチルCoAは、クエン酸回路に入り、オキサロ酢酸と結合してクエン酸となる。クエン酸はα-ケトグルタル酸、コハク酸、フマル酸、リンゴ酸を経てオキサロ酢酸に至る。このオキサロ酢酸は再びアセチルCoAと結合してクエン酸となり、また回路反応に入る。この過程で合成されたNADHやFADH$_2$の電子が電子伝達系に渡される。2分子のATP生産。

③ 電子伝達系（ミトコンドリアの内膜）・・・クエン酸回路で生成されたNADHやFADH$_2$から最終電子受容体である酸素分子へと電子を伝達する過程で、34分子のATPを生成（酸化的リン酸化）。

21) **窒素同化作用**とは、高等植物が、根から吸収した硝酸イオン（NO_3^-）やアンモニアイオン（NH_4^+）などから、アミノ酸を合成する働きをいう。NO_3^-は、植物体内で還元されてNH_4^+になる。窒素同化に直接使われるのはNH_4^+だけである。NH_4^+は、グルタミン酸と結合してグルタミンを、グルタミンからグルタミン酸を合成し、この両者がほかの全アミノ酸と有機窒素化合物に窒素を供給する。

22) **窒素固定**とは、マメ科植物に共生する根粒菌により、空気中の窒素分子がアンモニアに還元される過程をいう。根粒菌は植物から光合成で得たエネルギーの提供を受け、窒素固定に必要な酵素（ニトロゲナーゼ）を発現し、分子状の窒素がアンモニアに還元される反応を触媒する。

1.4 植物の生殖、発生と恒常性の維持

23) **体細胞分裂**・・・核分裂と細胞質分裂がみられ、染色体数は変化しない（$2n \to 2n$）。

    細胞周期と分裂過程・・・間期（G_1期、S期、G_2期）と分裂期（M期）（前期、中期、後期、終期）からなる。S期でDNAは倍加。植物細胞の場合、前期の終わりには極帽があらわれる。終期には、核が再構成されるとともに、細胞質分裂が始まるが、植物細胞の場合には、細胞板によって2つの細胞に分離する。

24) **減数分裂**・・・生殖細胞形成の際にみられ、第一分裂（$2n \to n$）と第2分裂（$n \to n$）が連続して起こる。染色体数は半減する（$2n \to n$）。二価染色体を形成するのが特徴。

25) **被子植物の配偶子形成**・・・（1）**卵細胞の形成**・・・胚のう母細胞（$2n$）は減数分裂して1個の胚のう細胞（n）となる。胚のう細胞は核分裂して、1個の卵細胞、2個の助細胞、2個の極核、3個の反足細胞をもつ胚のうとなる。

    （2）**精細胞の形成**・・・花粉母細胞（$2n$）が減数分裂して、4個の花粉（n）になる。花粉は発芽して花粉管をつくり、このなかに1個の花粉管核と2個の精細胞を生じる。

26) **重複受精**・・・卵細胞と精細胞が合体して受精卵（$2n$）に、2個の極核と精細胞が合体して胚乳核（$3n$）になる。この二重の受精を重複受精とよぶ。被子植物だけの現象である。

27) **自家不和合性**・・・花粉も胚のうも正常なのに、自家受粉したときに花粉管の伸長が抑制されて受精ができず、自分以外の花粉で受精することができる性質。自家不和合性は異形花型自家不和合性と同形花型自家不和合性とに分類される。同形花型自家不和合性はS複対立遺伝子によっ

て説明される。

28) 一代雑種育種に利用される**細胞質雄性不稔性**は細胞質・核遺伝子相互作用型で、不稔性を引き起こすミトコンドリア遺伝子とその働きを抑制する稔性回復核遺伝子との相互作用に基づいている。
29) **種子の形成**・・・受精卵は胚（$2n$）に、胚乳核は胚乳（$3n$）になり、珠皮より種皮が形成され、有胚乳種子ができる。子葉が種子の発芽に必要な養分を蓄え、胚乳が発達していない種子を無胚乳種子という。
30) **果実の形成**・・・子房壁は成熟して果皮になる。果皮は種子を包んで果実を形成する。
31) **裸子植物の受精**・・・花粉管内に精細胞（マツ、スギ）または精子（イチョウ、ソテツ）を形成し、胚のう内の卵細胞と受精して胚（$2n$）になる。胚のうは、染色体数（n）の多数の細胞からできており、受精しないで成長して胚乳（n）となる。重複受精を行わない。
32) **花芽分化**とは、一定の時期になると、栄養成長から生殖成長へ転換し、花のもとである花芽の原基が成長点や葉腋にできることをいう。栄養茎頂の花芽分化への転換は花成ホルモン（フロリゲン）が関与する。
33) 一日の昼（明期）の長さを日長（日照時間、明期の長さ）といい、この長短によって、花芽分化や開花の時期が決まる。これを植物の**光周性（日長効果）**という。
植物には、短日植物、長日植物、および中性植物がある。
34) 光形態形成における光レセプターは**フィトクロム**である。赤色光を受容する P_R 型フィトクロムと遠赤色光（近赤外光）を受容する P_{FR} 型フィトクロムが光照射により変換する。

1.5 植物ホルモンとその整理作用

35) **オーキシン**・・・天然オーキシン：インドール酢酸（IAA）、インドール酪酸（IBA）。合成オーキシン：2,4-ジクロロフェノキシ酢酸（2,4-D）、ナフタレン酢酸（NAA）
オーキシンの生理作用・・・茎の伸長促進、細胞分裂と分化の促進、頂芽優勢、果実の成長、老化と器官離脱の抑制

36) ニシンの古い精子 DNA にオーキシンと協力して、タバコの髄組織のカルスの細胞分裂を著しく高める物質が存在することが発見された。この物質は DNA の分解産物の１つであり、**カイネチン**と命名された。

37) **サイトカイニン**・・・カイネチンと同様の生理活性を有する一群の化合物で、6 位のアミノ基が置換されたプリン誘導体をいう。主なサイトカイニン：ゼアチン（天然サイトカイニン）、ベンジルアデニン（合成サイトカイニン）

  サイトカイニンの生理作用・・・葉条の成長促進、側芽の成長促進、細胞分裂の促進、分化と形態形成促進、種子発芽促進、老化の抑制、蒸散促進と物質の集積

38) **ジベレリン**・・・高等植物やイネばか苗病菌の培養液から単離される。

  ジベレリンの生理作用・・・葉条成長の促進、茎の成長促進、果実と胚の成長、単為結実誘導（種なしブドウ）、花芽の分化（長日植物）、雄花誘導、休眠種子の発芽促進、芽の休眠打破、種子内の α-アミラーゼ生合成の誘導調節、老化の抑制

39) **エチレンの生合成**・・・

メチオニン $\xrightarrow{\text{メチオニンアデノシルトランスフェラーゼ}}$ S-アデノシルメチオニン（SAM）

$\xrightarrow{\text{アミノシクロプロパン-カルボン酸合成酵素（ACC 合成酵素）}}$ 1-アミノシクロプロパン-カルボン酸（ACC）

$\xrightarrow{\text{ACC 酸化酵素（エチレン合成酵素）}}$ エチレン

  エチレンの生理作用・・・伸長成長の阻害と肥大成長の促進、側芽の成長阻害、根の成長、葉の成長阻害、重力屈性反応（屈地性）の抑制、花芽誘導と開花の促進、雌花誘導、種子の発芽促進、休眠芽の発芽促進、果実の追熟促進、離層の形成と器官離脱の促進、老化の促進

40) アブシシン酸・・・ストレスホルモン
アブシシン酸の生理作用・・・種子形成時における物質集積、種子形成時における未熟胚の発芽制御、種子成熟期後期における発芽の永続的阻害（休眠）、気孔の閉鎖作用
41) **ブラシノステロイドの生理作用**・・・茎の成長促進、イネ葉身屈曲（ブラシノステロイドの生物検定）、細胞伸長、細胞分裂、維管束の分化やエチレン生成の促進、ストレス耐性
42) **ジャスモン酸の生理作用**・・・成長阻害、老化促進効果、病虫害抵抗性などの防御反応、エリシターによる二次代謝産物の合成、離層形成、蔓の巻きつき、塊茎形成

1.6　トランスポゾン

43) **植物トランスポゾン**はDNA型トランスポゾンとレトロトランスポゾン（レトロポゾン）に大別される。植物トランスポゾンでよく解析されているのはトウモロコシの系で、*Ac/Ds*系や*En/Spm*系は共にDNA型トランスポゾンである。

1.7　植物ウイルス

44) **植物ウイルス粒子の形態**には、棒状、ひも状、球状、桿菌状、双球状がある。ウイルス粒子の基本構造は、ゲノムとしてのRNAまたはDNAのいずれか一方をもち、それはカプシド（タンパク質の外殻）によって包まれている。カプシドにはらせん型と正二十面型とがある。
45) **植物ウイルスゲノム**として一本鎖RNAを有するウイルスが多く、単一ゲノムウイルスや分節ゲノムウイルスがある。
46) **タバコモザイクウイルス（TMV）**・・・粒子は棒状（300 nm × 18 nm）で、その核酸は一本鎖RNAである。自然発生植物はタバコ、トマト、ピーマンなどで、いずれの植物も全身感染し、モザイク症状を呈する。汁液接種は容易。TMVゲノムは、複製酵素遺伝子、細胞間移行に関わる遺伝子、外被タンパク質遺伝子をコードする。
47) **キュウリモザイクウイルス（CMV）**・・・粒子は球状（正20面体）（28

〜30 nm) である。4本の一本鎖RNAを分節ゲノムとしてもつ（三粒子分節ゲノム）。主な自然発生植物は、キュウリ、タバコ、ゴボウ、ダイコン、ユリなどで、モザイク、奇形、条斑症状を呈す。汁液接種は容易。アブラムシにより非永続伝搬する。

48) **ジャガイモYウイルス（PVY）**・・・粒子はひも状（730 nm×11 nm）で、一本鎖RNAをゲノムとしてもつ。主な自然発生植物はジャガイモやタバコである。汁液接種は容易。アブラムシにより非永続伝搬する。

49) **カリフラワーモザイクウイルス（CaMV）**・・・粒子は球状（正20面体）で、直径50 nmである。環状2本鎖DNAをゲノムとしてもつ。主な自然発生植物はカリフラワー、キャベツ、ダイコンなどのアブラナ科野菜である。汁液接種は容易。アブラムシにより非永続伝搬する。

50) **植物ウイルスの細胞内への感染（侵入）**：多くの植物ウイルスは自然界では植物体表面上の傷や昆虫などの媒介生物の助けを借りて細胞内に侵入する。実験的には、カーボランダム（炭化ケイ素の粉末）などの研磨剤を葉の表面に振りかけ、ウイルス液を摩擦接種（人工接種）する。

51) **タバコモザイクウイルス（TMV）の増殖**・・・一本鎖（＋）RNAであるTMVが細胞内に侵入すると、外被タンパク質を脱ぎ裸のRNAになる。これを脱外被という。裸の（＋）RNAはまずRNA複製酵素を翻訳する。この酵素が（＋）RNAを鋳型にしてその相補鎖である（－）RNAを合成する。続いて、合成された（－）RNAを鋳型にしてゲノムRNAである（＋）RNAが合成されるとともに、新たに合成された（＋）RNAから外被タンパク質が翻訳されて、子供のウイルス粒子ができる。

52) **干渉**とは、2種のウイルスを同時あるいは前後して同じ植物に接種した場合、それぞれのウイルスの増殖がお互いに影響しあう現象をいう。

53) **干渉効果（クロスプロテクション）**とは、一次ウイルスを植物に接種し、一定期間ののちそのウイルスに近縁のウイルス（二次ウイルス）を接種すると、あとから接種したウイルスが増殖できないか、または制限される現象をいう。この現象は弱毒ウイルスによるウイルス病防除に利用される。

54) **植物ウイルスの定量**には、生物的定量法、理化学的定量法、血清学的定

量法（ELISA）がある。
55) **植物ウイルスの検出や同定**には、生物検定法、電子顕微鏡観察法、二本鎖 RNA の検出による方法、抗血清を用いる方法（ELISA や DIBA）、PCR あるいは RT-PCR を用いる方法がある。

[参考文献]

1) Klug,A. & Casper,D.I.D. Adv. Virus Res., 7, 225-325, 1960
2) Finch,J.T. & Klug,A. J.Mol.Biol., 15, 344-364, 1966
3) Pfeiffer,P. & Hohn, T. Cell 33,781-789, 1983
4) Frey,M., Reinecke,J., Grant,S., Seadler,H. & Gierl,A.:Excision of the *En/Spm* transposable element of *Zea mays* requires two element-encoded proteins.EMBO J., 9, 4037-4044, 1990
5) 勝見允行、「植物のホルモン」、裳華房、1991
6) Feidmar,S. & Kunze, R.: The ORFa protein, the putative transposase of maize transposable element *Ac*, has a basic DNA banding domein. EMBO J., 10, 4003-4010, 1991
7) Fedoroff,N.V. & Chandler,V.:Inactivation of maize transposable elements. *In*: (ed. by Paszkowski, J.) Homologous Recombination and Gene Silencing in Plants, Kluwer Academic Publishers, Dordrecht, 1994
8) Boehm,U., Heinlein,M.,Behrens,U. & Kunze,R.:One of three nuclear localization signals of maize *Activator* (*Ac*) transposase overlaps the DNA-binding domain. Plant J., 7,441-451, 1995
9) 美濃部侑三　（編）、「植物」、共立出版、1996
10) 森川弘道・入船浩平、「植物工学概論」、コロナ社、1996
11) 池上正人、「植物バイオテクノロジー」、理工図書、1997
12) 日向康吉、「植物の育種学」、朝倉書店、1997
13) 山田康之（編）、「植物分子生物学」、朝倉書店、1997
14) 畑中正一（編）、「ウイルス学」、朝倉書店、1997
15) Mohr, H. & Schopfer,P.、 網野真一・駒嶺穆（監訳）、「植物生理学」、Springer、1998
16) 横田明穂（編）、「植物分子生理学入門」、学会出版センター、1999
17) 田中隆荘他（監修）、「総合図説生物」、第一学習者、2001
18) 古川仁朗他、「植物バイオテクノロジー」、実教出版、2015
19) 池上正人他、「植物ウイルス学」、朝倉書店、2009
20) Fauquet,C.M. et al., eds.: Virus Taxonomy, Classification and Nomenclature of Viruses, 8th Report of the International Committee on Taxonomy of Viruses. Elsevier/Academic Press, 2005

21）池上正人・海老原充、「分子生物学 第2版」、講談社サイエンティフィク、2013
22）鈴木孝仁（監修）、「生物図録」、数研出版、2015
23）勝見允行、「植物のホルモン」、裳華房、1991

第2章

植物細胞組織培養

　細胞組織培養技術は、植物バイオテクノロジーの中核技術の1つで、農業において大きな貢献をしている。わが国で栽培されているジャガイモの9割以上、イチゴの6割以上に、茎頂培養によって作られたウイルスフリー苗が使われている。花でも宿根カスミソウ、カーネーション、ガーベラ、洋ラン、シンビジウム、リンドウなどの栽培面積の7割以上にウイルスフリーの組織培養苗が普及している。高級花の代名詞であったラン類も組織培養苗の大量増殖によって誰もが気軽に楽しめるようになった。そのほか、胚培養によりユリやカンキツの新品種が、葯培養によりイネ、アブラナ科作物やタバコの新品種が作出されている。一方、開発当初新しい育種技術として大きな期待が寄せられていた細胞融合は、その技術によって作出された体細胞雑種植物の実用化が難しいことがわかってきた。

2.1 種子植物の細胞組織培養研究の発展

　植物組織培養の研究は古いが、本格的な発展は植物ホルモンの発見と密接なかかわりがある。1933年に**インドール酢酸**（indole-3-acetic acid; **IAA、オーキシンの一種**）が人尿から単離され、1955年にはスクーグらによる**カイネチ**

ン（のちに**サイトカイニン**とよばれる）が単離された。1937年、ゴートレはIAAを添加した培地でカエデのカルスを培養し、試験管内でカルスを無限増殖させることに成功した。1957年、スクーグとミラーは、不定芽や不定根の分化にサイトカイニンとIAAの量比が大きく関わっていることを発見し、植物組織培養は、一躍、注目を浴びるに至った。すなわち、タバコの茎の組織片をIAAとサイトカイニンの濃度をいろいろな組み合わせで培地に加え培養したところ、サイトカイニンの濃度がIAAの濃度より高いときには、**不定芽**が形成され、逆にIAAの濃度が高いときには、**不定根**が形成された。サイトカイニンとIAAの濃度がほぼ等量のときにはカルスとして活発に増殖した（図2-1）。1952年、モレルはダリアモザイクウイルスに感染したダリアの成長点近傍組織（**茎頂**）を切り取って培養し、モザイク症状が消えた苗の作出に成功した。遊離細胞の培養は、1954年にミュアー、ヒルデブラントとライカーが成功した。タバコの単細胞から細胞塊を得たヴァジルとヒルデブラントはこの細胞塊のなかに植物体を見出した（1965年）。一方、スチュワードらとライ

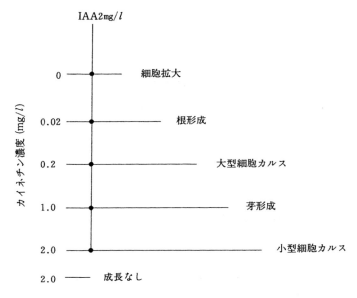

図2-1　タバコ髄培養細胞の分化に及ぼすインドール酢酸（IAA）とサイトカイニンの効果　（植物のホルモン　勝見，裳華房，1991）

ナートは、ほとんど同時にニンジン髄組織のカルスから不定胚が形成され、そこから子葉とよく似た植物体が再生されることを報告した（1958年）。1970年になるとハスマンとライナートは単一細胞からの**不定胚**形成過程のさまざまな段階を示す一連の写真を発表した。このように植物のどの組織または1つの細胞でも、ある条件下で培養を続けると、種々の組織、器官を再分化して新しい植物体を形成することが可能である。植物がもっているこの能力を**分化全能性**という（図2-2）。

　ここで、今までに出てきた細胞・組織培養に用いられる用語を整理しておく。

　カルスとは組織からの**脱分化**によって生じる不定形の未分化の細胞の集塊をいう。カルスの誘導は、一般には**2,4-D（2,4-ジクロロフェノキシ酢酸）**のような**オーキシン**を用いることが多い。しかし、植物ホルモンを培養基に添加することなくカルスが誘導されることもある。カルス細胞には、倍数性や異数性などの染色体の数的変異や構造的変異の異常を呈するものが多い。この変異を

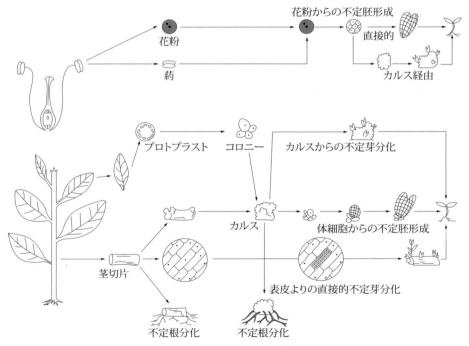

図 2-2　植物の分化全能性（植物バイオテクノロジー　原田, 日本放送出版協会, 1989を一部改変）

利用して、多くの変異体が作出されている。脱分化した未分化の状態にあるカルスから、機能をもった根や芽などの器官が再び形成されることを**再分化**または単に**分化**という。再分化によってできた根や芽をそれぞれ**不定根**および**不定芽**という。この際、不定根が形成される現象を**不定根分化**、不定芽が形成される現象を**不定芽分化**という。不定芽が伸長して、葉や茎を形成したものは**シュート（苗条）**ともいう。

ニンジンやアスパラガスなどの組織や細胞を適当な条件のもとで培養すると、受精卵からの胚発生と同じような発達過程を経て胚が形成される。このように、受精を経由せずにできる胚を**不定胚**といい、この現象を**不定胚分化**という。不定胚は受精胚と似ていることから**胚様体**ともいう。

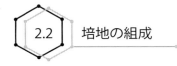

2.2 培地の組成

培地は組織培養の成否を決める重要な要素の1つである。現在までに多くの研究者によってさまざまな組成の培地が考えられてきた。**ホワイト培地**は、植物体の成分分析の結果作られたクノップ液（クノープ液）を改良して作られたものである。**ムラシゲ・スクーグ（MS）培地**は、細胞や組織の増殖や分化を目安に組成を詳細に研究して作り出されてもので、現在でもしばしば使用されている。しかしながら、最適の培地というものは、培養材料とする植物の種、品種、組織、器管や培養の目的により異なる。MS培地はタバコの髄（ずい）の培養用に作られたものであり、B5培地はダイズの培養に開発されたものである。すでに多くの培地が開発されているが、目的に応じて適宜選択し、場合によっては材料に合った培地を作出することが必要である。

・**主要成分**

培地を構成する要素は、①　水、②　無機栄養素、③　有機栄養素、④　植物ホルモン、⑤　天然物質、⑥　培地支持体、⑦　pHに分けることができる。以下にそれぞれについて次に述べる。

A. 無機栄養素

窒素（N）源は培地中に多量に必要とされる。多くの培地では硝酸塩とアンモニウム塩の両方を含んでいる。リン（P）は生物の必須金属元素の1つであり、エネルギー源としてのATPの合成にも不可欠である。培地にはリン酸イオン（PO_4^{3-}）の形で添加される。カリウム（K）、カルシウム（Ca）、マグネシウム（Mg）も植物の生育に必要な金属元素で、これらの元素が欠乏すると特有の欠乏症状が現れる。そのほか、鉄（Fe）、マンガン（Mn）、銅（Cu）、亜鉛（Zn）、モリブデン（Mo）、ホウ素（B）などの微量金属が植物の生育に必要とされる。

B. 有機栄養素

培地に用いられる有機栄養素は、① ビタミン類、② ミオイノシトール、③ アミノ酸類および ④ 糖類である。

① ビタミン類：植物の組織培養でしばしば用いられるものに**チアミン、ピリドキシン、ニコチン酸**がある。これらのビタミンをカルスや外植体が自ら合成する場合があり、このときにはあえて添加する必要はないが、生長が早い場合には欠乏が起こることもある。

② ミオイノシトール：**ココナツミルク**（ココヤシの液状胚乳）が組織、細胞の増殖、分化に対する促進効果があることはよく知られている。その構成成分の1つに**ミオイノシトール**がある。ミオイノシトールは細胞壁の合成に関与している。100 mg/l 程度で用いられる。

③ アミノ酸類：アミノ酸は培養体の成長と分化に重要な役割を果たしているが、単独で培地に添加すると阻害的に働くことがあるため、数種を混合して添加するほうが望ましい場合がある。

④ 糖類：植物は本来光合成により糖の生産を行うので、生育に外部からの糖を必要としないが、細胞、組織の培養では多くの場合は光合成を行わないか、行ってもわずかなことが多いので、生育に必要な糖を培地に添加しなければならない。そこで一般的にはショ糖やブドウ糖が用いられる。ショ糖やブドウ糖は培地に 2〜5％添加されることが多い。

C. 植物ホルモン

植物の細胞・組織培養においてもっとも重要な添加物の1つに植物ホルモンがある。よく使われるものに**オーキシン**と**サイトカイニン**がある。オーキシンとしては天然オーキシンである**インドール酢酸（IAA）**が用いられる。ただし、組織内にIAA分解酵素が存在することが多く、この酵素の活性が高い組織には利用できない。また光によっても分解されやすい傾向がある。この対策のため、合成オーキシンである**ナフタレン酢酸（NAA）**や**2,4-ジクロロフェノキシ酢酸（2,4-D）**を使う場合も多い。これらはオートクレーブでも変性することがなく、安定した効果を発揮するので実験の再現性も高い。

サイトカイニンの場合も同様に天然サイトカイニンであるゼアチンなどが使われることがあるものの、通常は合成サイトカイニンである**ベンジルアデニン（BA）**や**カイネチン**が使われている。

D. 天然物質

上記の栄養素や植物ホルモンを組成とする培地でよい結果が得られなかったときは、ココナツ、バナナやジャガイモなどのエキス（搾汁）を添加すると成功することがある。しかし、天然物の成分は複雑で、効果の決め手となった成分については未知なことが多い。

E. 培地支持体と培地のpH

液体培地の場合には培地支持体を加える必要はないが、固定培地の場合には寒天を使うことが一般的である。寒天のほかには、**ゲランガム**やアルギニン酸カルシウムなどの固定剤を用いることがある。また、ろ紙やロックウール、バーミキュライトなどの支持体を用いることがある。特に、ゲランガムで固化された培地は透明で、培養物の観察に適している。細胞毒性も低く、一般寒天類に比べ、コロニーの増殖や植物体成育に良好なことが多い。培地のpHは細胞や組織の成長に影響を及ぼす。極端な酸性やアルカリ性では細胞や組織の成長が抑制される。培地のpHは、通常、5.0~6.0の範囲に調整される。

2.3 不定胚形成の様式

　不定胚が形成される場合には、途中にカルスを経由する場合と経由しない場合がある。置床した外植体上の体細胞から、カルスを経由して不定胚を形成する様式を**間接的胚形成**という（図2-3）。間接的胚形成の例としてはニンジンがあげられる。ニンジンの場合、高濃度のオーキシン（2,4-D）を含む培地での外植体からのカルスの誘導と培養を行う。続いてオーキシン（2,4-D）を除き、窒素源としてアンモニウムイオンあるいは特定アミノ酸（グルタミンやグルタミン酸）を含む培地への移植を行う。これにより不定胚形成カルス（エンブリオジェニックカルス、embryogenic callus）が誘導され、そこから不定胚が形成される。不定胚は、受精卵からの**胚発生**と同様に、**球状胚**、**心臓型胚**、**魚雷型胚**の各段階を経て、幼根、頂芽、子葉を分化し、その後は正常な植物体

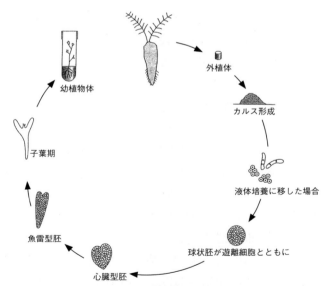

図2-3　ニンジンの根のカルス誘導と不定胚形成（中田和男氏提供）

へと生育する。置床した外植体上の一部の単細胞、あるいは小細胞集団から、カルスを経由せずに不定胚が形成される様式を**直接的胚形成**という。器官分化においては、カルスを経るか、もしくは外植体からの直接的な分化があり、後者は遺伝的変化を伴わない組織培養苗の大量増殖の方法として適している。

 ## 2.4 遊離細胞培養と単細胞培養

　遊離細胞培養は、一個一個分離している細胞の集団の培養であり、**単細胞培養**は、プロトプラストや細胞を一個だけ完全に分離して培養することをいう。培養液中に大きさの異なる細胞塊が混在していると、研究の目的によっては不都合なことも多いので、遊離細胞や小さな細胞塊だけの比較的均一な懸濁培養を行いたい場合がしばしばある。そこで、小さな細胞集塊を得る方法としては、分散性の高いカルスを液体培地に移植し、攪拌（かくはん）または振とうしながら培養して、大きな細胞集塊を取り除きながら継代培養を繰り返す方法がある。単細胞培養には、a. **看護培養（ナースカルチャー）法**（図 2-4）、b. **フィーダーレーヤー法**（図 2-4）や c. **コンディショニング法**などがある。

a. 看護培養法：看護培養の主な方法に次の２つがある。①　成長中のカルスによって生産される物質を利用しながら、単細胞を培養する方法である。成長中のカルス上にろ紙を置き、その上に増殖させたい単細胞をのせて培養する方法、②　シャーレ中の寒天培地に増殖させたい（看護培養したい）単細胞を直接置き、それを取り囲むように看護培養用カルスを置く方法。

b. フィーダーレーヤー法：X線で照射して分裂能力をなくした看護培養用細胞を寒天培地中で培養し、その上に増殖させたい（看護培養したい）遊離細胞の懸濁液を低濃度でプレートする方法。

c. コンディショニング法：単細胞の培養を行おうとする新培地にすでに使用されていた培地を加えて培養する方法。単細胞由来の植物種によって違いはあるものの、アミノ酸、ビタミン、糖類、有機酸やココナツミルクを添加した完全合成培地による低密度培養によっても単細胞培養できる。

2.5　プロトプラストの単離、培養とプロトクローンの利用

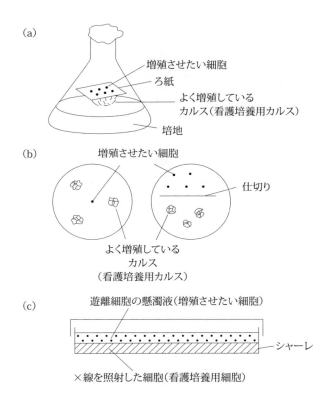

図 2-4　看護培養法（a），（b）とフィーダーレーヤー法（c）
（a）　よく増殖しているカルス（看護培養用カルス）の上にろ紙を置き、その上に増殖させたい単細胞をのせる。
（b）　シャーレに寒天培地を入れ、よく増殖しているカルス（看護培養用カルス）と増殖させたい単細胞を配置する。
（c）　X線照射した細胞（看護培養用細胞）をシャーレに入れ、その上に増殖させたい遊離細胞の懸濁液を入れる。X線照射により下の層の細胞が増殖しないようにする。

 ## 2.5　プロトプラストの単離、培養とプロトクローンの利用

　植物細胞から細胞壁を除去した裸の細胞を**プロトプラスト**（図 2-5）という。プロトプラストは、お互いに融合しやすく、**細胞融合**による**体細胞雑種**の

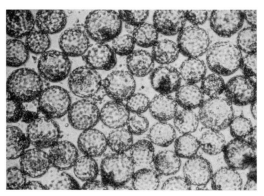

図2-5　タバコの葉肉プロトプラスト

作出に用いられる。また遺伝情報をもった高分子を細胞内に取り込むことから、**エレクトロポレーション法やポリエチレングリコール（PEG）法**（160ページ参照）による外来遺伝子の導入に用いられる。さらに核や葉緑体などの細胞小器官の単離にも利用される。以下に単離と培養の手順を示す。

A. プロトプラストの単離

　プロトプラストは、葉肉組織、懸濁培養細胞、カルス、芽生え、根組織、花弁、花粉（四細胞期）などから単離することができる。プロトプラストの収量・活性は供試植物の栽培環境（温度、湿度、日照、灌水）、特に日照などの栽培条件により大きく影響を受ける。また、品種の違い、植物の齢なども重要な条件になっている。培養細胞では対数増殖期の細胞が適している。植物体からのプロトプラストの単離は次のように行われる。まず**ペクチナーゼ**により細胞をお互いに接着しているペクチン質を分解して遊離細胞を得る。続いて、遊離細胞の細胞壁を構成しているセルロースを**セルラーゼ**により分解する。このようにペクチナーゼとセルラーゼを段階的に分けて使用する方法を2段階法という。両酵素を混合して一度に処理する方法を1段階法という。一般には1段階法が用いられている。プロトプラストの単離でよく用いられるペクチナーゼとしては、**マセロザイム R10** や**ペクトリアーゼ Y23** がある。酵素活性はペクトリアーゼ Y23 の方がマセロザイム R10 よりも約 100 倍高い。セルラーゼとしては、**セルラーゼ・オノズカ RS** や**セルラーゼ・オノズカ R10**、ヘミセ

ラーゼが広く用いられる。セルラーゼ・オノズカ RS は、セルラーゼ・オノズカ R10 よりも広範な材料に有効であり、酵素活性もセルラーゼ・オノズカ R10 の約 2 倍である。プロトプラストの単離過程で、細胞やプロトプラストの破裂を防ぐためには、酵素液の浸透圧を**マンニトール**や**ソルビトール**などの糖アルコール、ブドウ糖やショ糖などの糖で 0.3~0.7M に調整する。

B. プロトプラストの培養と植物体再生

　細胞壁を有する単細胞を分裂・増殖させることは難しいが、細胞壁を取り除いたプロトプラストの培養は、多くの種で可能になっている。培養法には、液体培養法、固形培地でのプレート法、看護培養法、コンディショニング法などがある。プロトプラストを培養して分裂させるには、プロトプラストの密度が重要で、10^5~10^6 個/ml に調整し、植物ホルモンを用いて 25~30℃下で培養する。初期分裂には光を要求しないか、むしろ阻害的に働くので、500lux. 程度の弱光下で培養する。活性の高いプロトプラストでは早い場合 2~3 日で分裂を開始する。プロトプラストの活性は単離される供与体の生理状態に左右される。プロトプラストや単細胞の分裂活性を示すのに、**プレーティング効率**が用いられる。

（コロニー数/培養に供した細胞数）×100＝プレーティング効率（%）

　プロトプラストからの再生は、タバコでの成功以来、多くの種で可能になっている（図 2-6）。プロトプラストからの個体再生には、プロトプラストからカルスを経ての器官分化とプロトプラストからの不定胚形成による方法がある。カルスを経て再分化する場合には、まず苗条形成後、発根させる必要がある。プロトプラストからの再生植物を**プロトクローン**という。プロトプラストからカルスを経て再生された植物体には、**ソマクローン変異（ソマクローナル変異、体細胞変異）**（141 ページ参照）がみられることが多く、ときには親品種より優れた形質を示すことがある。したがって、現在では育種の有力な一方法である。プロトクローンのなかから選抜された新品種には、イモが赤色や薄紫色のジャガイモ品種（ジャガキッズレッド '90、ジャガキッズパープル '

図2-6　１個のタバコの葉肉プロトプラストからの植物の再生（中田和男氏提供）
① プロトプラスト　②と③ プロトプラストの分裂　④と⑤ 再生植物

90）がある。一方、イネのプロクローンのなかから選抜された新品種には、早生で短稈（たんかん）のイネ品種、低アミロース含量のイネ品種、中生で短稈の耐倒伏性のイネ品種などがあるが、普及するには至っていない。

 2.6　プロトプラストによる細胞融合とその方法

　プロトプラスト同士は容易に融合する。この現象を**細胞融合**という（図2-7）。融合法には化学的融合法と電気的融合法がある。化学的融合法には、高水素イオン濃度-高カルシウム法（高pH-高Ca法）、**ポリエチレングリコール（PEG）法**、ポリビニールアルコール（PVA）法、デキストラン法がある。そのなかでもPEG法が植物プロトプラスト融合のために広く使用されていた

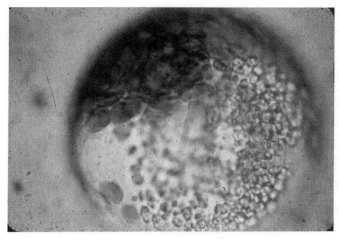

図 2-7　融合細胞（タバコ品種ブライトイエローの光合成突然変異 aurea と *Nicotiana rustica* の葉肉プロトプラスト間で PEG 法により融合させた細胞）（中田和男氏提供）

が、近年では電気的融合法である**電気パルス法**のほうが PEG 法よりもよく使われている。電気パルス法は PEG によるプロトプラストの損傷を避けるために考案されたものである。電気パルス法はプロトプラストの懸濁液に交流電圧をかけてプロトプラストの**パールチェーン**（プロトプラストが数珠状につながったもの）をつくり、そこに一瞬の直流パルスを流して、細胞膜に穴をあけることで隣のプロトプラスト同士を融合させる方法である。

A.　プロトプラストによる細胞融合と体細胞雑種
（1）　ポリエチレングリコール（PEG）法

　プロトプラストの懸濁液に高濃度（40~50 %）の分子量 1540~6000 の PEG 溶液を滴下すると、プロトプラスト同士の強力な接着が起こり、PEG を除去する過程で融合が起こる。特に PEG の除去に高 pH- 高 Ca 培地を用いると融合率が高まる。この PEG 法は植物だけでなく、微生物、動物にも有効である。よく知られているジャガイモとトマトの融合による**ポマト**もこの方法により作出された。

(2) 電気パルス法

プロトプラストの懸濁液に交流電圧をかけて細胞膜に電気分極を誘起し、その力でプロトプラストを泳動、接近・接着させる。プロトプラストを接着させるための交流電圧の強さはおおよそ 200 V/cm である。続いて 50 μsec、750 V/cm 程度の変電圧直流パルスを流して、細胞膜に穴をあけてとなりのプロトプラスト同士を融合させる。プロトプラストの密度が高いと、プロトプラストが電極間に数珠状に並ぶ。これを**パールチェーン**という。プロトプラストの密度を適当に選べば、2~3 個だけのプロトプラストの凝集が可能である。

B. 対称融合と非対称融合

細胞融合には対称融合と非対称融合がある。**対称融合**とは遠縁な植物の核ゲノムや細胞質を 1 対 1 の割合で融合させることをいう。細胞融合は交雑不可能な植物間での雑種の作出や、両親の細胞質の混合による細胞質効果が期待されるが、近縁の如何にかかわらず、染色体の脱落や両親のいずれか一方の細胞質の排除現象などが観察される。**非対称融合**とは、細胞の核や細胞質の一部を相手に融合させること、すなわち限定された遺伝子のみを導入することを目的とした融合のことである。

サイブリッド（細胞質雑種）とは、核ゲノムは片親由来で、細胞質が混ざり合った融合細胞や植物体のことをいう。葉緑体ゲノムにはアトラジンという除草剤耐性遺伝子が、またミトコンドリアゲノムには細胞質雄性不稔遺伝子がコードされている。このように育種上重要な遺伝子をもっている葉緑体やミトコンドリアを目的とする植物体に導入するときには、非対称融合によるサイブリッドをつくる。

一般的には、サイブリッドは X 線あるいは γ 線を照射することにより核が不活化されたプロトプラストと非照射プロトプラストの融合によって得られる。融合した細胞を効率的に選抜するために、X 線（または γ 線）照射と薬剤処理を組み合わせた方法が広く使われる。細胞質供与体のプロトプラストは、X 線（または γ 線）照射のためコロニー形成は妨げられる。他方、細胞受容体のプロトプラストは細胞融合に先立ち、**ヨードアセトアミド**または**ヨード酢酸**で処理する。これらの薬剤はタンパク質の不活化剤として働き、細胞分裂を阻

害する。細胞受容体のプロトプラストは、X線（またはγ線）を照射したプロトプラストと融合したときのみ分裂を開始し、コロニーを形成する。多くの雑種が非対称融合により得られているが、不稔性や形態的に異常を呈するものが多い。品種としてそのまま利用するのではなく、むしろ育種素材としての役割を果たしている。プロトプラストを**サイトカラシンB**処理と遠心の組み合わせにより脱核すれば、核をもたない**サイトプラスト（細胞質体）**と核のみをもつ**カリオプラスト（核体）**を得ることができる。この2つを**サブプロトプラスト**という。サイブリッドはサイトプラストとプロトプラストとの融合によっても得られる。カリオプラストとサイトプラストの融合、またはカリオプラストとX線（またはγ線）を照射することにより核が不活化されたプロトプラストとの融合によって核置換することができる。

　細胞融合によって最初に作出された**ポマト**（ポテト＋トマト）は、花の色や葉の形などは両者の中間を示しているが、地下部の塊茎はイモにならず、果実もトマトのように大きくならなかった。そのほか、**オレタチ**（オレンジ＋カラタチ）、バイオハクラン（レッドキャベツ＋ハクサイ）、ヒネ（ヒエ＋イネ）、メロチャ（メロン＋台木カボチャ）、トマピーノ（トマト＋ペピーノ）、シューブル（温州ミカン＋ネーブルオレンジ）など多くの体細胞雑種が作出されたが、実用化したものはなく、実用化の難しさを示しているが、ただ1つ実用化した体細胞雑種としてナスの台木（羽曳野育成1号）がある。細胞融合により病気に強く、かつ果実の収量や品質がよい台木が開発された例である。

2.7　培養苗の大量増殖

　植物組織培養の役割の1つに培養苗の**大量増殖**がある。**マイクロプロパゲーション**ともいう。大量増殖は、主として茎頂培養により行われ、通常、茎頂分裂組織と葉原基がついた状態で培養に供する。大量増殖は種子繁殖に時間のかかる樹木や、果樹の優良株や栄養繁殖によって生産されている花卉に利用されている。茎頂培養由来の栄養繁殖体のことを**メリクローン**（mericlone）とい

うが、これは meri（茎頂：meristem）と clone（栄養繁殖体）の合成語である。茎頂培養由来の育成苗と株分けや実生由来の苗とを区別するために用いられている。メリクローンは一般にウイルスや病原菌の感染が少ないことから、無病苗の代名詞として用いられることもある。大量増殖には、大きく分けて、① 茎頂培養による方法と、② 不定胚形成および不定芽形成による方法の2つがある。

① 茎頂培養による大量増殖には、多芽体、プロトコーム様体（PLB）、苗条原基などの誘導法が植物の種類によって工夫されている。

　　a. **多芽体誘導法（腋芽誘導法）**：固形静置培養によって茎頂と葉原基の間の腋芽*から新たな芽を誘導する。叢生（そうせい）タイプの多芽体をメスやピペットで分割し発根させる。多くの植物の大量増殖に利用されている。

　　b. **プロトコーム様体（プロトコーム状球体、PLB）誘導法**：液体振とう培養によって茎頂と葉原基の間の腋芽が球状となる。この球状体は、ラン科植物の種子が発芽時に形成する球形の塊体（プロトコーム）に類似していることから、プロトコーム様体という。プロトコーム様体から芽が形成される。これを分割して個体とする。ラン科植物の大量増殖に利用されている。

　　c. **苗条原基誘導法**：苗条原基は、ゆっくりとした傾斜回転培養によって茎頂と葉原基の間の腋芽から誘導される金平糖状の集塊。回転中に自然と多くの集塊となる。1つの原基から多数の苗条（シュート）ができる。変異を抑制しうる増殖法であり、多くの植物の大量増殖に利用されている。

② **不定胚**や**不定芽**形成による大量増殖では、材料によっては一度に万〜億単位の植物体を増殖させることができるが、カルスを経由した不定胚や不定芽形成には変異個体の発生がみられるので、大量増殖としての利用にはカルスを経由せずに、直接不定胚や不定芽を誘導する方法がよい。

＊腋芽は、普通葉のつけ根にある芽をいうが、茎頂と葉原基の間に形成される芽も腋芽という。

大量増殖技術を用いてラン類、カーネーション、キク、宿根カスミソウ、トルコギキョウ、およびミニバラなどの花卉を中心に多くの組織培養苗が利用されている。

2.8　茎頂培養とウイルスフリー植物

茎頂は、ドーム状をした**茎頂分裂組織と葉原基**からなる（図2-8）。この茎頂を切り出して培養し、そこから植物体を再生させる方法を茎頂培養という。茎頂培養技術は培養苗の大量増殖（133ページ参照）や**ウイルスフリー植物**の作出に利用される。

A.　茎頂培養によるウイルスフリー苗の作出

　植物がウイルス病に感染していても、茎の先端の分裂組織（茎頂分裂組織）には、ウイルスがいない。したがって、成長点を切り取って培養すれば、ウイルスのいない（ウイルスフリー）植物体を得ることができる。成長点のみを切り出して培養することは**成長点培養**とよばれ、ウイルスフリー化に用いられている。しかし、実体顕微鏡下で0.1～0.2 mmのドーム状の分裂組織のみを切り出して培養する必要があり、実際には葉原基を含めた茎頂培養によることが多い（表2-1）。しかしあまりに大きく茎頂を切り出して培養すると、無病化は困難となる。ウイルスが植物に感染すると、多くの植物でウイルスは全身に蔓延し、葉は黄化、モザイク症状を呈したり、花は斑入りになったりして、生育の低下、収量の減少を引き起こすことがある。種子繁殖する植物にウイルスが感染したときには多くの場合はウイルスは子孫に伝幡されないので問題はないが、イチゴ、ジャガイモ、サツマイモ、ニンニク、キク、カーネーションなどのように、親植物の一部を利用して増殖する栄養繁殖の場合にはウイルス病は大きな問題となり、これらを含む多くの農作物でウイルスフリー苗が普及している。

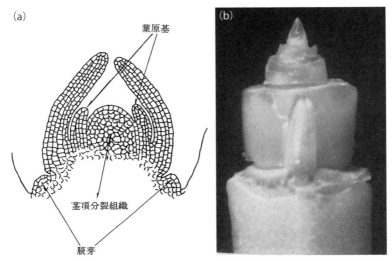

図 2-8 サツマイモの茎頂の模式図 (a) と写真 (b)
(a)：植物バイオテクノロジー　池上，理工図書，1997
(b)：大越一雄氏提供

表 2-1　茎頂培養によるウイルス罹病植物の無毒化　（森他，1969 を改変）

植物名	ウイルス名	ウイルスフリー植物の得られた茎頂の大きさ（mm）
サツマイモ	サツマイモ斑紋モザイクウイルス	1.0-2.0
ジャガイモ	ジャガイモ X ウイルス ジャガイモ葉巻ウイルス ジャガイモ Y ウイルス ジャガイモ S ウイルス	0.2-0.5 1.0-3.0 1.0-3.0 0.2 以下
イチゴ	イチゴクリンクルウイルス イチゴベインバンディングウイルス イチゴマイルドイエローエッジウイルス イチゴモットルウイルス	0.2-1.0 0.2-1.0 0.2-1.0 0.2-1.0
ニンニク	ニンニクモザイクウイルス	0.3-1.0
カーネーション	カーネーション潜在ウイルス カーネーション斑紋ウイルス カーネーションベインモットルウイルス	0.2-0.8 0.2-0.8 0.2-0.8
ユリ	キュウリモザイクウイルス ユリモットルウイルス	0.2-1.0 0.2-1.0
ダリア	ダリアモザイクウイルス	0.6-1.0
ペチュニア	タバコモザイクウイルス	0.1-0.3
サトウキビ	サトウキビモザイクウイルス	0.7-8.0

B. ウイルス検定

茎頂培養によって作出した植物がウイルスフリーかどうかを調べる方法を**ウイルス検定**という。検定の方法には次のようなものがある。

（1） 指標植物に接種する方法

汁液伝染するウイルスでは、判別しやすい病徴を示す植物（指標植物あるいは検定植物）（表 1-4 参照）に接種してウイルスの有無を調べる方法。茎頂培養によって作出された植物体の一部をすりつぶして得られた汁液を指標植物に接種して、ウイルス病徴が現れるかどうかによって、ウイルスの有無を検定する（図 2-9）。汁液伝染の困難なウイルスでは、媒介昆虫や接ぎ木によって指標植物に接種して判別する。

（2） 酵素結合抗体法

酵素結合抗体法（ELISA）によってウイルス粒子の有無を調べる方法。ELISA は、多量の試料を同時に扱え得る方法として広く使用されている。ELISA は酵素を結合させた抗体と抗原を反応させたあとに基質を加えて、基質を抗体と結合した酵素の作用で分解させて発色させる。ELISA には、直接 ELISA と、異種抗体を用いる間接 ELISA がある（図 1-56 参照）。結合酵素としては**アルカリホスファターゼ**、基質としては**パラニトロフェニールホスフェイト**を用いることが多く、酵素によって基質が切断されて黄色を呈する。

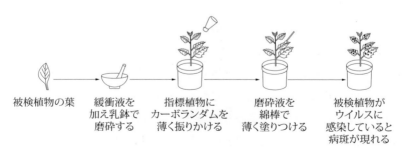

図 2-9　植物の葉にウイルスを接種する方法

（3） 電子顕微鏡観察法

電子顕微鏡でウイルスの有無を調べる方法。ウイルス粒子の染色にはDN法（direct negative staining method）が用いられる。DN法は、カミソリの刃で切った葉の切断面をグリッド上の1~2%リンタングステン酸の微滴に数秒間浸し、微滴を乾燥後検鏡する。

（4） PCRあるいはRT-PCRを用いる方法

PCR（polymerase chain reaction）は、試験管のなかで耐熱性DNAポリメラーゼ（*Taq*ポリメラーゼ）を利用して、2つのプライマーで挟んだDNA領域を増幅する方法である。各々のウイルスに特異的なプライマーを作製して、PCR反応を行ったのちに、電気泳動によってウイルスの有無を検出する。植物ウイルスの多くはRNAをゲノムとしてもつもので、この場合にはRT-PCR（reverse transcriptase-polymerase chain reaction）によりウイルスの有無を検出する（106ページ図1-57参照）。

2.9　葯培養、花粉培養と偽受精胚珠培養

葯培養とは、花粉由来のカルス、不定胚、または植物体を得る目的で葯を培養することをいう。

インドのグハーらが、最初にアメリカチョウセンアサガオの若いつぼみから葯を取り出して培養したところ、不定胚に分化し（1964年）、続いてこの不定胚から植物体が得られ、その植物体は半数体であることを報告した（1966年、1967年）。その後、タバコ（図2-10）、イネをはじめとしてコムギ、ジャガイモなど多くの植物種において葯培養による半数体作出の報告が相次いで行われ、成功例も増加の傾向にある。花粉からの植物体の再生には、カルスまたは不定胚経由の2つの方法がある。葯培養で用いられる花粉は、四分子期から一核期の段階のもの（図1-23参照）を用いると半数体が得られやすい。葯培養による植物体再生率は、親植物の遺伝子型、生理状態、花粉の発達段階などで異なるが、培養基組成、培養環境、前処理の条件の検討により向上する。

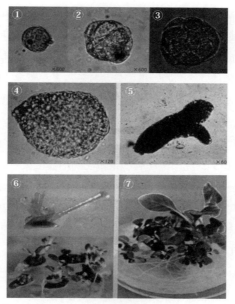

図2-10 タバコの葯培養 (中田和男氏提供)
① 花粉 ②〜④ 花粉から不定胚が形成されるまでの発育ステージ
⑤ 花粉から発生した不定胚 ⑥ 不定胚から発芽した幼植物
⑦ 葯内から発生した幼植物

　葯のなかから取り出した花粉を単独で培養する方法を**花粉培養**という。花粉培養による植物体の再生は、イネ、タバコ、アブラナ科作物で報告されている。花粉の単独培養による植物体再生率は葯培養に比較して低いが、高温・低温の前処理や培養法の検討により、高頻度での不定胚形成の誘導が可能になっており、タバコ、アブラナ科作物では花粉培養による不定胚の形成が確立されている。アブラナ科作物においては高濃度のショ糖および高温処理が、タバコでは糖飢餓処理が用いられている。

　X線などの放射線を照射して不活化した花粉を受粉させたのちに、半数体胚を含む胚珠を取り出して培養する方法を**偽受精胚珠培養**という。

　葯や花粉培養、偽受精胚珠培養によって得られた植物体は半数体なので、このままでは花粉や卵細胞が作られず、生殖が不可能で種子も形成されない。そこで、茎頂に**コルヒチン**処理をして染色体数を倍加する。半数体は染色体を倍加することにより、直ちに固定系統が得られることから、育種年限の短縮に役

立ち、**半数体育種法**が確立している。コルヒチンはユリ科植物のイヌサフランの種子や球茎から抽出された一種のアルカロイドである。コルヒチンは核分裂の際、紡錘体の形成を阻止するものの、染色体の分裂にはほとんど影響を与えない。分裂した染色体は2つの娘核に分かれることができずにそのまま1つの大きな復旧核となる。アブラナ科作物、イネ、タバコで葯培養による新品種の開発が進んでいる。例えば、アブラナ科作物におけるスリーメイン（ブロッコリーの葯培養による新品種）、オレンジクイン（ハクサイにカブを交雑し、そこで得られたオレンジ色の葉をもつ系統を葯培養により固定した新品種）、スティックセニョール（ブロッコリーとカンランの雑種を葯培養して得られた新品種）などがある。イネでは上育394号、白雪姫、吉備の華、こころまちなど、タバコでは低ニコチン、低タールのつくば1号などがある。

半数体の利用という葯培養技術本来の利用にとどまれず、葯培養の過程で生じる**ソマクローン変異**（141ページ参照）の利用もイチゴなどで進んでおり、アンテールとよばれる早生系統が得られている。

2.10　胚培養、胚珠培養と子房培養

種子植物は、受精によって次代のもととなる胚を形成する（45ページ参照）。胚は種皮のなかにあって発芽の際の養分となる胚乳によって包まれている。遠縁の場合、受精は起こるが、その後胚の生育が停止したり枯死したりする場合が多い。このような場合、幼胚を摘出して培養することにより雑種植物を作出する方法を**胚培養**という（図2-11）。幼胚の抽出が困難な場合には、胚珠そのもの、または胎座を付けた胚珠を培養する**胚珠培養**、子房のまま培養し種子を得る**子房培養**がある。花粉管が柱頭上で発芽しなかったり、花粉管が柱頭に侵入しなかったり、また花粉管の伸長が途中で停止したりする場合には、子房や胚珠を切り取って試験管内で受精させること（**試験管内受精**）により、個体を得ることができる。胚培養においては、摘出される胚の発育状態、つまり胚の大きさが重要である。一般に、胚の退化が起こる前に摘出して培養に供されるが、通常、0.5 mm前後である。前述したが、培地の種類や培地にココ

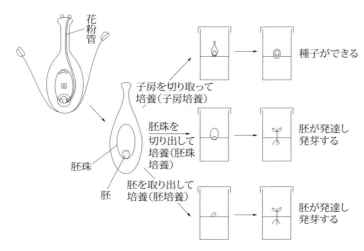

図 2-11　胚培養、胚珠培養、子房培養の模式図
（植物バイオテクノロジー　池上，理工図書，1997）

ココナツミルク（若いヤシの実の胚乳液）やイーストエキストラクトなどの添加により、培養によい結果が得られることがある。胚培養は遠縁植物間の雑種育種の手段として一般化している。胚培養で作出され、商品化された植物に、ハクサイとキャベツとの間で作出された**ハクラン**（岐阜グリーン）、キャベツと小松菜の間で作出された**千宝菜**がある。実用化品種がもっとも多く作出されているのはユリ類とカンキツである。代表的な品種にテッポウユリとスカシユリの間で作出されたロートホルン、宮川早生（温州ミカン）とトロビタオレンジの間で作出されたカンキツ「タンゴール清見（きよみ）」、ハッサクとナツミカンの間で作出されたサマーフレッシュなどがある。

 ## 2.11　ソマクローン変異体の選抜

カルスからの再分化植物は**カリクローン**、プロトプラスト由来の再分化植物を**プロトクローン**という。また両者をまとめて**ソマクローン（体細胞クローン）**という。ソマクローンはソマ（体細胞、somatic cell）とクローン（clone）の合成語である。培養によって再生した植物に生じる変異を**ソマク**

ローン変異（ソマクローナル変異、体細胞変異）という。この変異を利用して農業上重要な変異体が作出されている。1973年、カールソンは野火病菌毒素の類似物質、メチオニン・スルホキシミンを添加した培地で、タバコの半数体から分離したプロトプラストを培養して野火病耐性タバコを作出した。この研究を契機にして、細胞・プロトプラスト培養の過程で生じた突然変異細胞に病原菌の毒素などのストレス（選択圧）を与え、生き残った細胞から植物体を再生して目的のストレス耐性植物が作出された。ソマクローン変異の育種での有用性が始めて認められたのは、斑点病耐性サトウキビの作出（1977年）、ゴマ葉枯病耐性トウモロコシの作出（1977年）においてである。そのほか、今までにソマクローン変異を利用して作出された作物に、斑点病耐性カラスムギやコムギ、ゴマ葉枯病耐性イネ、萎ちょう病耐性トマトやアルファルファ、アカカビ病耐性オオムギ、赤星病耐性タバコ、黒斑病耐性ナタネ、根朽病耐性ナタネ、疫病耐性バレイショなどがある。たとえ一形質が優れ、他の形質において好ましくない形質がみられても、他植物との交雑により育種に用いることが可能である。農業上重要な形質、例えば収量、品質などについては細胞レベルでの選抜ができず、再生植物体を用いた選抜となる。

2.12 順化

　培養植物体は常に無菌状態で、多湿な環境に置かれており、軟弱に育っている。さらに、器内は密室状態になっているために、二酸化炭素濃度は低く、葉をもった培養植物体でも光合成ができない環境に置かれている。そのため、培養植物体は、炭水化物を培地中の糖に依存し、光合成を行わなくてもよい状態になっている（従属栄養）。したがって、培養植物体を、そのまま外に出し、普通の苗と同じように育てようとしても、腐敗または枯死してしまうことが多い。これは培養容器のなかの環境条件と器外の環境条件とがあまりにも違いすぎて、培養植物体が変化に対応できないからである。そこで、器外の環境条件でも生育できるように、少しずつならしていくことが必要である。これを**順化**

（馴化）という。順化は大量増殖の実用化を図る上で重要な技術である。以下に順化の方法を示すと、

a. 温度：20~25℃で2週間位、その後は15~30℃で2週間位ならす。
b. 湿度：灌水後トンネルやビーカーなどで密封し、湿度70~90%で2週間位、その後50~60%で2週間位ならす。
c. 光：自然光を黒の寒冷紗（かんれいしゃ）を使って遮光し、遮光率80~90%で1週間位、その後50~70%で3週間位ならす。
d. 雑菌：移植のときに、根に少しでも寒天がついていると、雑菌が繁殖して苗が腐敗してしまうので、水で寒天をよく洗い流す。できれば、育苗に殺菌用土を使う。
e. 栄養分：培養植物体の根の発達は悪く、養分の吸収力が弱いので、用土に肥料分は少な目にする。
f. 順化の難易度：作物によって順化に難易度がある。カーネーション、イチゴ、ラン、サツマイモ、サトイモ、タバコなどは比較的容易で、アスパラガス、ネギ、ニンジン、ラッキョ、ピーマンなどは難しい。

2.13 人工種子

人工種子とは、不定胚などを栄養分や薬剤などと一緒にカプセルに包み込んで種子と類似の機能をもたせたものである（図2-12）。人工種子の内容物としては、不定胚や不定芽、多芽体、プロトコーム様体（PBL）や苗条原基などを用いることができる。内容物の保護剤としては**アルギン酸カルシウムゲル**を用いる。人工種子は、3~5%アルギン酸ナトリウム溶液に不定胚などを入れ、50~100 mM 塩化カルシウム溶液に滴下させて作製する。不定胚などの内容物はアルギン酸カルシウムのゲルに包まれ球状になる（図2-12）。人工種子はまだ実用化されていないが、実用化には、長期保存が可能で発芽率が高く、かつ土壌中でも発芽できるような人工種子の開発が必要である。

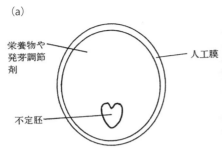

図 2-12　人工種子の構造（a）と発芽した人工種子（b）（(b)：中田和男氏提供）

―――― まとめ ――――

1）植物のどの組織または1つの細胞でも、ある条件下で培養を続けると種々の組織、器官を再分化して新しい植物体を形成することができる。植物がもっているこの能力を**分化全能性**という
2）**カルス**とは組織からの脱分化によって生じる不定形の未分化の細胞の集塊をいう。脱分化したカルスから機能をもった器官・組織が再び形成されることを再分化という。再分化によってできた根や芽をそれぞれ**不定根**および**不定芽**という。
3）組織や細胞を適当な条件のもとで培養すると、受精卵からの胚発生と同じような発達過程を経て胚が形成される。このように、受精を経由せずにできる胚を**不定胚**という。カルスを経由せずに不定胚が形成される様式を直接的胚形成、これに対して、体細胞からカルスを経由して不定胚を形成する様式を間接的胚形成という。直接的胚形成は苗の大量増殖に適している。
4）植物細胞から細胞壁を除去した裸の細胞を**プロトプラスト**という。プロトプラストは、お互いに融合しやすく細胞融合による体細胞雑種の作出に用いられる。
5）植物体からの**プロトプラストの単離**には、ペクチナーゼとセルラーゼが用いられる。プロトプラストの単離過程で、細胞やプロトプラストの破裂を防ぐために、酵素液の浸透圧をマンニトール、ソルビトールあるいはショ

糖で0.3~0.7Mに調整する。

6) **プロトプラストによる細胞融合法**には、ポリエチレングリコール（PEG）法や電気パルス法がある。

7) **プロトプラストによる細胞融合**には対称融合と非対称融合がある。対称融合とは遠縁な植物の核ゲノムや細胞質を1対1の割合で融合させることをいう。非対称融合とは、細胞の核や細胞質の一部を相手に融合させること、すなわち限定された遺伝子のみを導入することを目的とした融合のことである。

8) **サイブリッド（細胞質雑種）**とは、核ゲノムは片親由来で、細胞質が混ざり合った融合細胞や植物体のことをいう。核をもたないプロトプラストをサイトプラスト（細胞質体）、核のみをもつプロトプラストをカリオプラスト（核体）という。

9) 茎頂を切り出して培養し、そこから植物体を再生させる方法を**茎頂培養**という。茎頂培養は培養苗の大量増殖やウイルスフリー苗の作出に利用される。茎頂培養由来の栄養繁殖体のことをメリクローンという

10) **茎頂培養による培養苗の大量増殖**には、多芽体、プロトコーム様体（PLB）、苗条原基などの誘導法が植物の種類によって工夫されている。

11) 茎頂培養によって作出した植物がウイルスフリーかどうかを調べる方法を**ウイルス検定**という。ウイルス検定法には、指標植物に接種する方法、酵素結合抗体法（ELISA）、電子顕微鏡観察法、PCR法あるいはRT-PCR法がある。

12) **葯培養**とは、花粉由来のカルス、不定胚または植物体を得る目的で葯を培養することをいう。

13) 遠縁の交配の場合、受精は起こるが、その後胚の生育が停止したり枯死したりする場合が多い。このような場合、幼胚を摘出して培養することにより雑種植物を作出する方法を**胚培養**という。幼胚の抽出が困難な場合には、胚珠培養や子房培養が利用される。

14) カルスからの再分化植物はカリクローン、プロトプラスト由来の再分化植物をプロトクローンという。また両者をまとめてソマクローンという。培養によって再生した植物に生じる変異をソマクローン変異（ソマクロー

ナル変異、体細胞変異）という。この変異を利用して農業上重要な変異体が作出されている。
15）培養容器のなかで育てた植物を器外の環境条件でも生育できるように、少しずつならしていくことを**順化（馴化）**という。
16）**人工種子**とは、不定胚などを栄養分や薬剤などと一緒にカプセルに包み込んで種子と類似の機能をもたせたものである。

[参考文献]

1）森寛一他、農事試研報 13, 45-110, 1969
2）長田敏行、「プロトプラストの遺伝子工学」、講談社サイエンティフィック、1986
3）原田宏・駒嶺穆（編）、「植物細胞組織培養」、理工学社、1987
4）原田宏、「植物バイオテクノロジー」、日本放送出版協会、1989
5）勝見允行、「植物のホルモン」、裳華房、1991
6）大澤勝次、「植物バイオテクの基礎知識」、農山漁村文化協会、1994
7）池上正人他、「バイオテクノロジー概論」、朝倉書店、1995
8）森川弘道・入船浩平、「植物工学概論」、コロナ社、1996
9）池上正人、「植物バイオテクノロジー」、理工図書、1997
10）古川仁朗他、「植物バイオテクノロジー」、実教出版、2015
11）池上正人、「植物バイオテクノロジー概論」、朝倉書店、2012
12）江面浩他、「植物バイオテクノロジー」、農山漁村文化協会、2013

第3章

植物の形質転換

　遺伝子組換え技術を用いて特定の外来遺伝子を導入し、その遺伝子が発現している植物を**形質転換植物**（**トランスジェニック植物、遺伝子組換え植物**）という。遺伝子組換え技術を用いて、従来の育種では作り出せない紫色のカーネーション、青色のバラ、日持ちのするトマト、耐虫性作物、ウイルス病耐性作物や除草剤耐性作物などの実用品種が開発された。このように遺伝子組換え技術は植物の品種改良を行う上で有効な手段であるといえる。この技術を用いて行う育種を**分子育種**という。遺伝子組換え技術はT-DNAタギング（200ページ参照）などを用いた植物遺伝子の単離などの基礎研究を行う上でも重要な手段である。

　植物への遺伝子導入法には、① 生物を利用して導入する方法と、② 物理的手法を用いて導入する下記の2通りの方法がある。

① 生物的方法:アグロバクテリウム法（*Agrobacterium tumefaciens* を用いる方法、*Agrobacterium tumefaciens* の学名は *Rhizobium radiobactor* に変更）

② 物理的方法（直接遺伝子導入法）:エレクトロポレーション法、ポリエチレングリコール（PEG）法、パーティクルボンバードメント法

第3章 植物の形質転換

3.1 *Agrobacterium tumefaciens* によるクラウンゴール形成機構

　双子葉植物がかかる病気に、グラム陰性の土壌病原菌である *Agrobacterium tumefaciens* が引き起こす**根頭がん腫病**がある。この病気の感染植物には根と茎との境目に**クラウンゴール**とよばれる腫瘍が形成される（図3-1）。この腫瘍形成の直接の原因となっている因子は、アグロバクテリウムのなかに存在する **Tiプラスミド**［約200 kbp（キロ塩基対）、Ti=tumor inducing（"腫瘍を誘導する"の意味）］上の **T-DNA**（transfer DNA、20数 kbp）と *vir*（virulence）**領域**（約35 kbp）、およびアグロバクテリウムの染色体にコードされている *chv*（chromosomal *vir* 遺伝子）である。Tiプラスミドの遺伝子地図を図3-2に示す。アグロバクテリウムはTiプラスミドを細胞当たり1〜数コピーもっている。このプラスミド上にはT-DNAと *vir*（virulence）領域が存在するが、T-DNAは植物の染色体に組み込まれる領域で、腫瘍を形成するに必要な**オーキシン合成を支配する遺伝子**と**サイトカイニン合成を支配する遺伝子**のほか、アグロバクテリウムの成長に必要な特殊なアミノ酸（**オパイン**）を合成する酵素遺伝子をもっている。オーキシン合成を支配する遺伝子はトリプトファンからインドールアセトアミドを経てインドール酢酸を生じる2つの酵素（トリプトファンモノオキシゲナーゼ（iaaM）とインドールアセトアミドヒドロラーゼ（iaaH））の遺伝子である。サイトカイニン合成を支配する遺伝子はアデノシン5'-リン酸からサイトカイニンを合成する酵素（イソペンテニルトランスフェラーゼ（ipt））の遺伝子である。一方、*vir* 領域はT-DNAの切り出しや植物細胞への移行、染色体への組み込みに必要な遺伝子群をもっている（図3-3）。

　vir 領域には *virA*、*virB*、*virC*、*virD*、*virE*、*virG* の少なくとも6つの転写単位があり、それぞれに1つ以上の遺伝子が存在する。*virA* 以外の発現は植物内に存在する**アセトシリンゴン**などの複数のフェノール物質により誘導される。アセトシリンゴンはタバコから単離された最初の誘導物質である。その後、さまざまなフェノール物質が強さは異なるが誘導活性をもっていることがわかっ

3.1 Agrobacterium tumefaciens によるクラウンゴール形成機構

た。VirA タンパク質は細胞膜に存在するフェノール性シグナル物質のレセプターである。フェノール化合物が VirA タンパク質に作用すると VirA タンパク質の自己リン酸化が誘導される。続いて VirA タンパク質に転移されたリン酸は、VirG タンパク質に転移される。このようにして活性化された VirG タンパク質が、RNA ポリメラーゼによるほかの vir 遺伝子の転写を誘導する。virD 領域には、4 つの ORFD1、D2、D3、D4 が存在する。VirD1 タンパク質と VirD2 タンパク質の共同の働きにより、T-DNA 両端の 25 塩基対からなる境界配列（繰返し配列）の DNA 鎖にニック（切れ目）を入れ、ニックの 3' 末端をプライマーにして、置換的な DNA 複製が起こる。ニックの入った DNA 鎖がプラスミドから遊離して、1 本鎖 T-DNA が出現する。1 本鎖 T-DNA に VirD2 タンパク質と VirE2 タンパク質が結合する。したがって、T-DNA と少なくともこれら 2 つのタンパク質は複合体を形成し細胞核に転移し、T-DNA は核ゲノムに組み込まれる。VirD2 タンパク質と VirE2 タンパク質には真核生物の細胞核に入るための核シグナルが存在し、T-DNA を核内に運ぶ働きをしている。

クラウンゴール組織には通常の植物組織には見られない**オパイン**と総称される特殊な非タンパク質性アミノ酸が存在する。その代表的なものに**オクトピン**、**ノパリン**と**アグロピン**がある。植物細胞の産生するオパインの種類により、原因となった Ti プラスミドおよびアグロバクテリウムはオクトピン型、ノパリン型とアグロピン型に分類される。アグロバクテリウムは自分しか利用

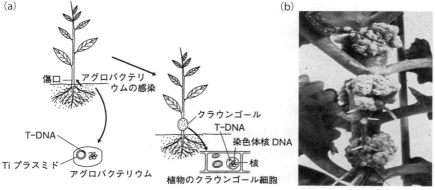

図 3-1　アグロバクテリウム感染によるクラウンゴールの発生（a）とクラウンゴール（b）

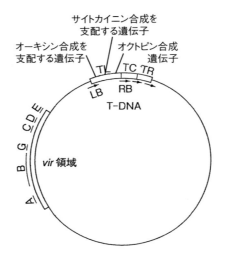

図 3-2　オクトピン型 Ti プラスミドの遺伝子地図
矢印は 25 塩基対の境界領域を示す

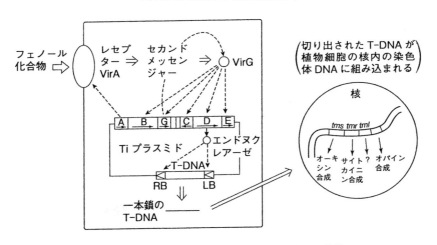

図 3-3　T-DNA が植物染色体 DNA に取り込まれる機構

できないオパインを植物に生産させ、優先的にそれを窒素、炭酸源として利用する。T-DNA 上の遺伝子は真核生物型のプロモーターをもっており、植物染色体のなかに組み込まれて初めて発現することを示している。

　Agrobacterium tumefaciens と同じ機構で**毛状根**を引き起こす土壌病原菌に **Agrobacterium rhizogenes**（*Rhizobium rhizogenes* に学名変更）がある。毛

状根はこの菌がもっている**Ri プラスミド**によって誘導される。*Agrobacterium rhizogenes* の Ri プラスミドやカリフラワーモザイクウイルスなどの植物ウイルスも遺伝子導入ベクターとして構築されたが、植物の形質転換には使われていない。

3.2 植物の形質転換 ──── アグロバクテリウム法

A. バイナリーベクターを用いた植物の形質転換

Ti プラスミドの T-DNA を外来遺伝子に置換すれば、*A. tumefaciens* の機能を利用して植物染色体 DNA へ外来遺伝子を導入することができる。しかし、Ti プラスミドは巨大なため、通常の試験管内での組換え DNA 操作によって、外来遺伝子を直接 T-DNA と置換することはできない。T-DNA の植物染色体 DNA への組み込みと腫瘍化には、T-DNA と Ti プラスミド上にある *vir* 領域が必要であるが、これらを *A. tumefaciens* 中で共存できる 2 つのプラスミドに分けることができる。

バイナリーベクターを用いた外来遺伝子導入法を図 3-4 に示す。T-DNA の左右境界領域（BL と RL）に、目的とする遺伝子を組み込んだバイナリーベクターは、大腸菌と *A. tumefaciens* の両方の複製開始点をもっているのでどちらの菌でも複製することができる。さらに、形質転換した細胞のみを選抜するために、BR と BL 領域間に目的の遺伝子のほかに抗生物質に対する耐性遺伝子（**選択マーカー遺伝子**）[**カナマイシン耐性遺伝子**がよく用いられる]を導入する。このような外来遺伝子が組み込まれたバイナリーベクターの導入に必要な *A. tumefaciens* は、T-DNA を欠失し *vir* 領域のみをもったプラスミド（**ヘルパー Ti プラスミド**）を有している。

外来遺伝子が組み込まれたバイナリーベクターを大腸菌のなかで増幅させ、これをヘルパー Ti プラスミドをもった *A. tumefaciens* に導入する。このような 2 つのプラスミドをもった *A. tumefaciens* を用いて**リーフディスク法**により外来遺伝子を植物に導入する（図 3-5）。

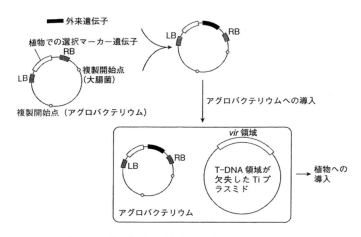

図 3-4　バイナリーベクターによる遺伝子導入法
RB、LB は 25 塩基対の境界領域を示す

B. 形質転換細胞を選抜するための選択マーカー遺伝子

　選択マーカー遺伝子は、形質転換細胞を効率よく選抜するためのものであり、通常は遺伝子導入した培養細胞や組織を育成するための培地に添加した抗生物質を解毒する遺伝子が用いられる。ネオマイシンホスホトランスフェラーゼ遺伝子やハイグロマイシンホスホトランスフェラーゼ遺伝子が選択マーカー遺伝子として用いられる。

a. ネオマイシンホスホトランスフェラーゼ遺伝子

　ネオマイシンホスホトランスフェラーゼ遺伝子はトランスポゾン Tn5 由来のネオマイシンホスホトランスフェラーゼ II （NPT II と略す）をコードする遺伝子（*npt* II）である。NPT II は**ネオマイシン**や**カナマイシン**などの抗生物質をリン酸化して不活化する酵素である。

b. ハイグロマイシンホスホトランスフェラーゼ遺伝子

　ハイグロマイシンホスホトランスフェラーゼ遺伝子は大腸菌株 W677 中のプラスミド pJR225 由来のハイグロマイシンホスホトランスフェラーゼ（HPT または HPH と略す）をコードする遺伝子（*hpt*）である。HPT は**ハイグロマイシン**などの抗生物質をリン酸化して不活化する酵素である。

　抗生物質を解毒する遺伝子以外の選択マーカー遺伝子としては、植物の利用できない炭素源を変換して利用できるようにする遺伝子や解毒作用のある遺伝

子が用いられている。

a. D-アミノ酸オキシゲナーゼ遺伝子

D-アミノ酸オキシゲナーゼ（DAAO）遺伝子は、多くのD-アミノ酸を2-オキソ酸に変換する反応を触媒する酵素の遺伝子である。DAAO遺伝子は酵母由来である。D-アラニン（D-Ala）、D-セリン（D-Ser）は毒性をもっているが、DAAOによって解毒される。

b. ホスホマンノースイソメラーゼ遺伝子

ホスホマンノースイソメラーゼ（PMI）遺伝子は、D-マンノース-6-リン酸とD-フルクトース-6-リン酸の相互変換を触媒する酵素の遺伝子である。広く動物組織や酵母に存在する。多くの植物はホスホマンノースイソメラーゼ（PMI）をもっておらず、マンノース-6-リン酸をフルクトース-6-リン酸へ変換できない。すなわち、PMI遺伝子をもたない植物では、マンノースを選択培地中の唯一の炭素源として添加すると、培地から取り込まれたマンノースは植物のヘキソースキナーゼ（ヘキソキナーゼ）によってマンノース-6-リン酸へ変換されるが、マンノース-6-リン酸を炭素源として利用できない。しかし大腸菌由来のホスホマンノースイソメラーゼ遺伝子が導入された形質転換植物は、マンノース-6-リン酸をフルクトース-6-リン酸（解糖系の中間体）へ変換でき、唯一の炭素源として生育できる。

c. 2-デオキシグルコース6-ホスフェイトホスファターゼ遺伝子

2-デオキシグルコース（2DOG）はグルコースのアナログで、解糖系の阻害剤である。**2-デオキシグルコース6-ホスフェイトホスファターゼ遺伝子**が組み込まれた形質転換植物は、2-デオキシグルコースを解毒することができるが、非形質転換植物は2-デオキシグルコースを解毒することができない。2-デオキシグルコース6-ホスフェイトホスファターゼ遺伝子は2DOG耐性酵母から単離された。

d. D-アラビトール4-デハイドロゲナーゼ遺伝子

D-アラビトール4-デハイドロゲナーゼ遺伝子をもった形質転換植物はD-アラビトールを炭素源として利用することができるが、非形質転換植物はD-アラビトールを炭素源として利用できない。

e. 亜リン酸酸化還元酵素（亜リン酸オキシドレダクターゼ）遺伝子

亜リン酸酸化還元酵素遺伝子は亜リン酸をリン酸へ酸化する酵素の遺伝子である。植物は亜リン酸をリン酸源として利用できない。しかし、細菌由来の亜リン酸酸化還元酵素遺伝子が導入された形質転換植物は亜リン酸をリン酸源として利用し、生育できる。

外来遺伝子の発現には**カリフラワーモザイクウイルス**（CaMV）の**35S プロモーター**がよく用いられる。35S プロモーターは植物のどの器官でもいつでも容易に遺伝子を発現させることができる強力なプロモーターである。

C. 形質転換植物を得る方法 ——— リーフディスク法

植物の形質転換体を得る方法としては、外来遺伝子が挿入されたバイナリーベクターをもった A. tumefaciens を葉の断片（リーフディスク）に感染させ、薬剤耐性のスクリーニングと植物体再分化を同時に行う**リーフディスク法**が一般的である。

リーフディスク法の概略を図 3-5 に示す。次亜塩素酸ソーダで滅菌した葉をコルクボイラーでディスクに切りぬく。一夜培養した A. tumefaciens 培養液にリーフディスクを入れて、感染させる。続いて A. tumefaciens 除去のための抗生物質（**クラフォランやカルベニシリン**）と A. tumefaciens に感染した細胞だけを選抜するための抗生物質（カナマイシンがよく用いられる）を含んだ培地に移し、培養を続けると、リーフディスク周辺からカルスが誘導される。得られた形質転換カルスを切り取り、抗生物質を含まない再生培地で培養し、茎葉を分化させ、形質転換植物を得る。得られた形質転換体に外来遺伝子が導入されているかどうかは、**サザンブロットハイブリダイゼーション法**、あるいは **PCR 法**により確認する。また外来遺伝子の発現の転写レベルでの確認には**ノーザンブロットハイブリダイゼーション法**を、組織や細胞中で mRNA の発現を検出する場合には *in situ* **ハイブリダイゼーション（ISH）法**や**蛍光 *in situ* ハイブリダイゼーション（FISH）法**を用いる。発現産物のタンパク質の抗体が得られている場合には**ウエスタンブロット法**によりタンパク質レベルでの発現を同定することができる。

形質転換個体の当代を T_0（T は transformant）、その後代を T_1、T_2、T_3……と略す。通常、外来遺伝子が安定に後代に遺伝すればメンデルの法則に従う。

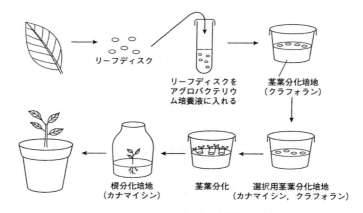

図 3-5　リーフディスク法による形質転換植物の作製

3.3　アグロバクテリウム法を用いたイネの形質転換

イネは A. tumefaciens の宿主ではなく、また A. tumefaciens が感染してもその感染効率は非常に低い。しかしながら、アセトシリンゴンを使用することにより、A. tumefaciens によるイネの形質転換が可能になった。双子葉植物に A. tumefaciens が感染すると、植物細胞が合成するフェノール系化合物（アセトシリンゴンもその1つ）を感知して、vir 領域の遺伝子群の発現が開始する。イネなどの単子葉植物はアセトシリンゴンをつくらないが、A. tumefaciens にアセトシリンゴンを与えて感染を誘導すると、イネの形質転換が可能になる。

3.4　選択マーカー遺伝子を含まない形質転換植物の作製法

次に紹介する MAT ベクターシステムおよび Cre-loxP システムを用いれば、選択マーカー遺伝子を含まない（選択マーカーフリー）形質転換植物が得られる。

A. MATベクターシステム

　形質転換体選択マーカー遺伝子として用いたサイトカイニン合成酵素遺伝子を最終的に除去する形質転換法は、**MATベクターシステム**（Multi-Auto-Transformation vector system）とよばれる。この方法は日本製紙（株）の研究グループによって開発されたものである。MATベクターは *A. tumefaciens* のTiプラスミド上に、Tiプラスミド由来のサイトカイニン合成に関与する遺伝子（*ipt*）、醤油酵母の内在性プラスミドpSR1の部位特異的組換え酵素遺伝子とその酵素の標的配列をもっている（図3-6）。選択マーカー遺伝子である *ipt* フリーの形質転換植物は次のようにして作出される。①　*A. tumefaciens* 感染によってMATベクターが植物細胞のゲノムDNAに組み込まれると、*ipt* 遺伝子発現によりサイトカイニンが過剰に生産され、植物組織より多数の不定芽が分化する。これらの不定芽を分離し、新しい培地に移植する。②　分離された個体の導入遺伝子座では、酵母の組換え酵素遺伝子（*R*遺伝子）より生成された組換え酵素が組換え認識配列（RS）に作用して、両RSに挟まれた領域の脱落が起こる。この脱落によって、*ipt* 遺伝子を消失した組換え体は頂芽優勢を回復し、正常な茎の伸長を示す選択マーカーフリー形質転換植物が得られる。

B. Cre-*loxP*システム

　Cre-*loxP*システムはバクテリオファージP1の部位特異的組換え酵素遺伝子（*cre*）とその標的配列 *loxP* をもっており、2つの *loxP* の間にある選択マーカー遺伝子を組換え酵素により特異的に除去することができる。導入したい目的遺伝子は2つの *loxP* の外側に、選択マーカー遺伝子は2つの *loxP* の内側に、すなわち、［目的遺伝子・*loxP*・選択マーカー遺伝子・*loxP*］の順番に配置して、それを植物に導入して形質転換植物をつくる。次に、その形質転換植物と［*cre* 遺伝子］が導入された形質転換植物とを交配して、［目的遺伝子・*loxP*・選択マーカー遺伝子・*loxP*］と［*cre* 遺伝子］の両方をもつ後代を得る。その植物では、組換え酵素遺伝子（*cre* 遺伝子）により生成された組換え酵素（Cre）が組換え標的配列（*loxP*）に作用して、2つの *loxP* に挟まれた領域の選択マーカー遺伝子が除去され、［目的遺伝子・*loxP*］と［*cre* 遺伝子］をもつようになる。さらに、その交配株から後代を得て、そのなかから［*cre* 遺伝

3.4 選択マーカー遺伝子を含まない形質転換植物の作製法

a. MATベクターの基本構造

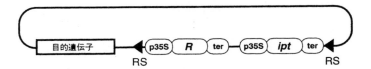

b. MATベクターによる形質転換

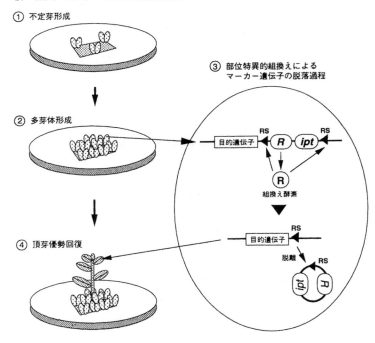

図3-6 MATベクターシステムの基本構造（a）とMATベクターによる形質転換（b）
（植物分子生理学入門　横田編，学会出版センター，1999）
P35S：CaMV 35SRNAプロモーター、R：部位特異的組換え酵素遺伝子、RS：部位特異的組換え配列、ipt：サイトカイニン合成酵素遺伝子、ter：転写終結配列

子］をもたないが、［目的遺伝子・loxP］のみをもつ植物を選抜すると、選択マーカー遺伝子が除去された形質転換体が得られる。

3.5 葉緑体への外来遺伝子導入

葉緑体は独自の環状2本鎖DNAをゲノムとして、独自の遺伝子発現系をもっている。これらのゲノムの発現は、核コードの遺伝情報によりさまざまな段階で制御を受けている。したがって、葉緑体ゲノム上の遺伝子の発現様式をさらに詳しく解析するためには、葉緑体へ外来DNAを導入する技術が必要である。さらに、葉緑体は光合成を行う重要な器官であり、窒素代謝といった代謝機能をもっている。そのような機能を改変するためにも葉緑体の形質転換技術が必要である。

高等植物では、タバコの葉緑体での相同組換えを利用した形質転換法が確立している。タバコの葉緑体DNAへの外来遺伝子の導入は次のようにして行われる。外来遺伝子を葉緑体内で機能するプロモーターとターミネーターの間に挿入したものを、スペクチノマイシン耐性遺伝子（選択マーカー遺伝子）をもったベクターに連結する。これには外来遺伝子を相同組換えによって葉緑体DNAに組み込むために、葉緑体DNA由来の配列が付与されている。植物組織への組換えベクターの導入には、パーティクルガンが用いられる。組換えベクターが撃ち込まれた植物組織を、スペクチノマイシンを含む選択培地上で培養し、抗生物質耐性植物を選抜する。得られた形質転換植物に外来遺伝子が導入されているかどうかは、サザンブロットハイブリダイゼーション法、あるいはPCR法により確認する。また外来遺伝子がmRNAを転写しているかどうかはノーザンブロットハイブリダイゼーション法により確認する。

3.6 直接遺伝子導入法による植物の形質転換とトランジェントアッセイ

バイナリーベクターによる形質転換法には *A. tumefaciens* の宿主植物にのみ使用できるという制約があり、現在でもバイナリーベクターによる形質転換法

3.6 直接遺伝子導入法による植物の形質転換とトランジェントアッセイ

が使えない有用作物も多くある。この欠点を補う目的で開発されてきたのが**直接遺伝子導入法**である。しかし、導入時に目的の大きな遺伝子は断片化しやすく、導入遺伝子の後代への遺伝形式もメンデルの法則に従わないことが多いという欠点がある。

A. パーティクルボンバードメント法による植物の形質転換

パーティクルガンを使った遺伝子導入法を**パーティクルボンバードメント法**という。**パーティクルガン**とは、DNA分子を塗りつけた金属粒子あるいはタングステン粒子（共に直径1ミクロン程度）を300～600 m/sのスピードで植物細胞に撃ち込み、細胞壁、細胞膜を突き破って、細胞の核のなかに遺伝子を導入する装置（図3-7）のことで、**遺伝子銃**ともいう。細胞に金粒子を打ち込むと細胞壁や細胞膜は破れるが、細胞膜は一種の油膜なので、すぐに修復され穴が閉じる。他方、細胞壁は簡単には修復されないが、それほど大きな傷は与えない。核のなかに飛び込んだ粒子表面のDNAは核内の液体に溶け出して

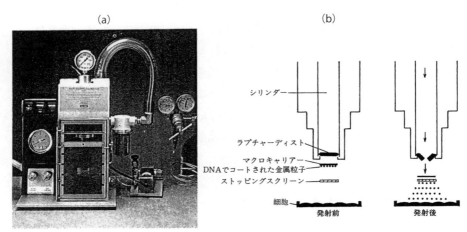

図3-7　ヘリウムガス圧式パーティクルガンの装置（a）と発射前後の模式図（b）
　　　（日本バイオラッドラボラトリーズ（株）の好意による）
（b）プラスチックのラプチャーディスクによって一時的に密閉された装置の上部のシリンダー内にヘリウムガスが流れ込み、ある特定の圧力に達すると、設置したラプチャーディスクに穴があく。その衝撃により、DNAでコートされた金属粒子が付着したプラスチックのマクロキャリアーを細胞のほうへ発射する。マクロキャリアーと細胞の間にはストッピングスクリーンが取り付けられており、発射されたマクロキャリアーはこのスクリーンで止まるが、金属粒子はこのスクリーンを通過し、試料の細胞内に導入される。

mRNAを転写し、このmRNAは細胞質に移ってタンパク質を翻訳する。パーティクルボンバードメント法により、これまでに培養細胞、葉、根、茎、茎頂、花粉など、単子葉植物、双子葉植物を問わず、あらゆる組織の細胞に遺伝子導入が可能で、その発現が確認されている。金属粒子が入った細胞は、細胞分裂に伴ってその数はどんどん減っていくので、トランジェントアッセイに用いられることが多い。しかし、植物体の再生系と抗生物質の選抜系があれば原理的にどの植物も形質転換が可能である。金属粒子から溶け出したDNAは条件が整うと核の染色体DNAに組み込まれてその一部となり、核分裂、細胞分裂過程で次々と子孫の細胞に遺伝子が伝えられる。このようにして導入した遺伝子をもつ細胞塊が形成され、さらにこの細胞塊から形質転換植物を再生することができる。

B. エレクトロポレーション法による植物の形質転換

エレクトロポレーション法は、**高電圧パルスをプロトプラストに非常に短い時間かけることにより、細胞外の溶液中のDNAをプロトプラストに導入する方法である**。高電圧パルスにより、生体膜が一過的、部分的に誘電破壊され、膜孔を生じ、その穴からDNAが取り込まれる。膜孔は瞬間的にあくと考えられるが、その穴は細胞膜の性質によりすぐに修復される。この方法では一度に多くのDNAをプロトプラスト内に導入できるが、そのほとんどは細胞内で分解され、核ゲノムに組み込まれるDNAはほんのわずかであるが、遺伝子が導入された、いくつかの植物種のプロトプラストから形質転換植物が作出されている。この方法の利点としては次のようなことがあげられる。① 適用範囲が広く、多種多様な細胞に用いることができる。② ポリエチレングリコール（PEG）のように試薬の除去や毒性の配慮が不用である。③ 操作が簡単で処理時間が短い。

C. ポリエチレングリコール法による植物の形質転換

ポリエチレングリコール（PEG）法は最初、プロトプラストを用いた細胞融合法として開発された。その後、細胞融合の場合よりもやや低いPEG濃度を用いると、外来遺伝子がプロトプラスト内にエンドサイトーシス様の機構で取

り込まれることが分かった(**ポリエチレングリコール(PEG)法**)。この方法で遺伝子が導入されたプロトプラストから形質転換植物の作出が可能である。かつてはポリビニールアルコール(PVA)やポリ-L-オルニチン(PO)もプロトプラストを用いた遺伝子導入に使用されたが、現在では使用されていない。

3.7　トランジェントアッセイとレポーター遺伝子

　パーティクルボンバードメント法、エレクトロポレーション法やポリエチレングリコール法で導入した遺伝子は、まず導入された細胞やプロトプラストで発現する。この場合、導入された遺伝子は時間とともにDNA分解酵素あるいはRNA分解酵素により分解されるので、この発現は一過的なものである。これを**一過的遺伝子発現**という。このように、プロトプラストや細胞に導入した遺伝子はゲノムには組み込まれないものの、一過的に(通常1〜2日)、非常に効率よく遺伝子発現することを利用した遺伝子発現の解析方法を**トランジェントアッセイ**という。一般的には遺伝子のプロモーターやエンハンサーの活性を調べる方法の1つである。調べたいDNA断片を、レポーター遺伝子につないで、目的の細胞やプロトプラスト、さらには組織に導入することで、プロモーターやプロモーター上の遺伝子発現の制御に関与する配列を同定することによく用いられる。**レポーター遺伝子**とは、その遺伝子の発現を定量的または組織化学的に測定する目的で用いられる遺伝子で、発現が簡単に確認できる遺伝子が用いられる。植物細胞によく使用されるレポーター遺伝子には次のようなものがある。

A.　*β-*グルクロニダーゼ(GUS)遺伝子

　大腸菌の*β-*グルクロニダーゼ(GUS)は、植物に内在性の活性がほとんど見られない安定な酵素で、組織レベルの活性検出も可能なことから、GUSをコードする遺伝子(*gus*)はレポーター遺伝子として用いられる(**GUSアッセイ**)。GUSは*β-*グルクロニドを加水分解する。組織化学的検定には、5-ブロモ-

4-クロロ-3-インドリル-β-グルクロニド（X-gluc）という基質で組織を染色し、*gus* の発現の組織特異性を検出できる。この基質は GUS により加水分解を受けインジゴチンの青色を呈する。インジゴチンは水に難溶で組織に沈着し、発現部位の観察が可能になる。また、細胞抽出液に基質として 4-メチルウンベリフェリル-β-グルクロニド（4-MUG）という基質を加え、GUS の酵素活性による産物を蛍光により高感度な定量的測定が可能である。

B. ルシフェラーゼ（LUC）遺伝子

ホタル由来の**ルシフェラーゼ（LUC）**をコードする遺伝子（*luc*）である。この遺伝子を発現している細胞に ATP とルシフェリンを基質として加えると、560 nm のリン光を発する。細胞抽出液のみならず、生きた細胞を用いても遺伝子発現を解析することができる（**ルシフェラーゼアッセイ**）。GUS や CAT よりも高感度な遺伝子発現の検出が可能である。

C. 緑色蛍光タンパク質（GFP）遺伝子

発光クラゲ由来の**緑色蛍光タンパク質（GFP）**をコードする遺伝子（*gfp*）である。遺伝子産物そのものが励起光照射によって発光する。通常用いられる励起光は紫外光（396 nm）で、緑色光（508 nm）を発光する。細胞局在を調べたいタンパク質の遺伝子と GFP 遺伝子との融合遺伝子を作製して細胞内に導入して翻訳される融合タンパク質の局在を調べることにより、目的のタンパク質の局在を知ることができる。

D. クロラムフェニコールアセチルトランスフェラーゼ（CAT）遺伝子

大腸菌由来の**クロラムフェニコールアセチルトランスフェラーゼ（CAT）**をコードする遺伝子（*cat*）で、抗生物質であるクロラムフェニコールをジアセチル化して不活化する。真核生物はこの遺伝子をもたないので、レポーター遺伝子として利用される。CAT 遺伝子の前に転写活性を調べたいプロモーターを挿入したレポータープラスミドを構築して、（動）植物細胞内へ導入後、CAT の発現量を酵素活性を測定することで調べ、プロモーターの転写促進・抑制活性を評価することができる（**CAT アッセイ**）。

3.8 植物がウイルスから身を守る防御機構──RNA サイレンシング

　高等植物においては、多くの植物種で形質転換系が確立している。これらの形質転換植物を作出する研究が進むにつれ、予期せぬ遺伝子発現の抑制が報告されるようになった。ペチュニア由来の、アントシアニン合成経路の鍵（かぎ）酵素であるカルコン合成酵素遺伝子（*chs*）を、*chs* が正常に発現している紫の花色をもつペチュニアに導入したところ、花弁の紫色が濃くなるとの予想に反して、花弁が白色の植物体が出現した。このような白花では *chs* の発現が低下していることから、この現象は**コサプレッション**とよばれたが、その後、この発現抑制は *chs* mRNA が転写後に特異的に分解されることがわかり、**転写後型ジーンサイレンシング（PTGS）**とよばれるようになった。

　PTGS は、植物が生来もっているウイルスから身を守る防御反応の 1 つである。すなわち、植物にウイルスが感染すると PTGS が誘導され、感染ウイルス由来の RNA を特異的に分解することによりウイルスの増殖を抑制しようとする。一方、ウイルスは PTGS を抑制するタンパク質（**サプレッサー**）をコードしており、それにより感染を成立させようとする。ウイルスに感染した植物では、このように PTGS とウイルスのサプレッサーとの戦いが繰り広げられている。最近動物、線虫、ショウジョウバエにおいても PTGS がウイルス抵抗性の 1 つとして機能していることが報告されている。

　PTGS は植物に特有の現象ではなく、広く高等真核生物に保存されている。1998 年にアメリカ・スタンフォード大学教授アンドルー・ファイアーらは、線虫体内に二本鎖 RNA（dsRNA）を導入すると、dsRNA に相同な配列を有する遺伝子の発現が抑制されることを発見し、この現象を **RNAi（RNA 干渉）**と名付けた。ファイアー教授とアメリカ・マサチューセッツ大学教授クレイグ・メローはこの RNAi の研究で 2006 年度ノーベル賞（医学生理学賞）を受賞した。線虫の RNAi、植物の PTGS、アカパンカビのキーリングは転写後型遺伝子抑制現象として別々に発見されたが、これらは生物間で共通の現象で、総称して **RNA サイレンシング**とよばれる。

A. RNAサイレンシングの分子機構

　RNAサイレンシングは、細胞に短い二本鎖RNA（dsRNA、約20 bp）を導入すると、どちらかの鎖に対して相補的なmRNAが分解され、翻訳を阻害するという現象である。遺伝子機能を推定するための遺伝子ノックダウンに利用されている。RNAサイレンシング経路のモデルを図3-8に示す。RNAサイレンシングはdsRNAの生成によって開始される。dsRNAはセンス鎖RNAとアンチセンス鎖RNAの両方が同時に転写したり、長い逆位配列をもつRNAが転写されたりすると生じる。また、一本鎖RNAが過剰に生成されると、RNA

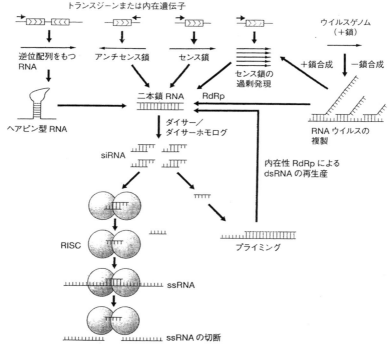

図3-8　RNAサイレンシングの機構のモデル　（分子生物学　第2版　池上・海老原，講談社サイエンティフィク，2013）
　　　RNAサイレンシングは二本鎖RNA（dsRNA）の生成によって開始される。合成されたdsRNAはDicer/DCLとよばれる酵素によって、21〜25塩基の短い断片（siRNA）に分断される。siRNAはAGOタンパク質を含むRNA誘導サイレンシング複合体（RISC）に取り込まれる。dsRNAの一方の鎖はAGOタンパク質のRNase活性によって切断され、標的RNAと相補結合するほうのRNA（ガイドRNA）のみがRISCに維持される。RISCはsiRNAと相補的な配列をもつRNAと結合して切断する。

3.8 植物がウイルスから身を守る防御機構-RNAサイレンシング

依存RNAポリメラーゼ（RdRp）の働きによってdsRNAが合成される。ショウジョウバエやヒトでは、合成されたdsRNAは**ダイサー**とよばれる酵素によって、21塩基の短い断片（**siRNA**; small interfering RNA）に分断される。植物では、**ダイサーホモログ**（Dicer-like、DCL）によって21塩基のsiRNAと25塩基のsiRNAに分断される。21塩基のsiRNAがRNAiシグナルの細胞間移行に、25塩基のsiRNAは組織間移行に関与している。siRNAはAGOファミリー（argonaute family）タンパク質を含む**RNA誘導サイレンシング複合体**（**RISC**; RNA-induced silencing complex）に取り込まれる。dsRNAの一方の鎖はAGOタンパク質のRNase活性によって切断され、標的RNAと相補結合するほうのRNA（ガイドRNA）のみがRISCに維持される。RISCはsiRNAと相補的な配列をもつRNAと結合して切断する。この経路に加えて、植物や線虫ではRdRpがsiRNAをプライマーとして利用し標的RNAをdsRNAにする反応が起こり、RNAサイレンシングが繰り返される。標的RNAが多いほどRISCによる分解活性は上昇し、標的RNAのレベルは低くなる。siRNAの存在が細胞でPTGSが起こっているかどうかの指標となっている。

B. ウイルスがコードするRNAサイレンシング抑制タンパク質 ——— サプレッサー

RNAサイレンシングは、当初植物におけるウイルス抵抗性機構として見いだされた。植物、動物、ショウジョウバエでは、ウイルス感染に伴ってRNAサイレンシングが誘導され、ウイルス由来の小さなRNA（virus-derived small interfering RNA、**vsiRNA**）が蓄積する。RNAをゲノムとするウイルスは、その複製過程で生じるdsRNAおよびゲノム内に生じるヘアピン構造などがPTGSを誘導する。ウイルスの外被タンパク質、RNA複製酵素成分タンパク質、細胞間移行タンパク質など、ウイルス増殖に必須のタンパク質および必須ではないが病原性に関わるタンパク質など多種のウイルスタンパク質が、RNAサイレンシングを抑制する**サプレッサー**活性を有している。サプレッサーの機能には、長さ依存的に2本鎖siRNAに結合しRISC複合体形成を阻害するもの、長さに依存しないでdsRNAに結合しダイサーによるdsRNA切断を阻害するもの、AGOタンパク質のRNase活性を阻害するもの、AGOタンパク質を

分解に導くもの、RNA サイレンシングシグナルの長距離移行を阻害するもの、RNA サイレンシングの増幅経路を阻害するものなどがある。

C. 遺伝子発現調節を行う短い RNA———マイクロ RNA（miRNA）

多くの真核生物において、極めて短い RNA が遺伝子発現調節因子として働いている。これを**マイクロ RNA**（microRNA：miRNA）という。マイクロ RNA は、ゲノムにコードされているヘアピン構造をもつ前駆体 RNA から、ダイサーあるいはダイサーホモログによって切り出される 21 塩基〜24 塩基の一本鎖 RNA である（図 3-9）。植物では、マイクロ RNA は葉や花芽の発生、花期制御、オーキシンやストレスに対する応答などさまざまな生理過程を制御している。また、ある種の植物ウイルスが感染した際に誘導される植物の病徴はウイルスによる miRNA 経路の阻害による。

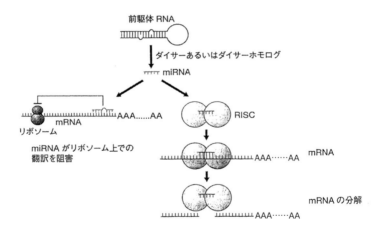

図 3-9　マイクロ RNA 経路　（分子生物学　第 2 版　池上・海老原，講談社サイエンティフィク，2013）
マイクロ RNA（miRNA）はヘアピン構造をもつ前駆体 RNA から DCL によって切り出される。miRNA は不完全ではあるが相補的な配列をもつ mRNA と結合して mRNA の翻訳を阻害する。また、完全に相補的な配列をもつ mRNA に対しては、miRNA は RISC による切断に使われる。動物では前者が、植物では後者が主な経路である。

3.9 遺伝子発現抑制法 ——— アンチセンス法

育種目的や遺伝子の機能を知る上で、特定の遺伝子の発現を抑制する手法は有効である。DNAは二重らせん構造をとり、遺伝子に対する暗号は、そのうちの必ずどちらか一方の鎖に記されている。遺伝子が発現するときには、その遺伝子に対応する塩基配列をもつmRNA（**センスRNA**）が合成される。mRNAの全配列あるいは一部の配列と相補的な配列をもったRNA（**アンチセンスRNA**）を、生体や細胞に外来的に投与するか、あるいは人為的に細胞のなかにつくらせると、これはセンスRNAと結合して2本鎖RNAを形成する。形成された2本鎖RNAはRNAサイレンシングにより分解され、翻訳が阻害される。（図3-10）。

ポリガラクツロナーゼはトマト果実の軟黄化に重要な役割を果たしており、果実が成熟するときに合成される酵素である。このポリガラクツロナーゼの合成を、アンチセンス法を用いて抑制することにより「Flavr Savr」（**フレー**

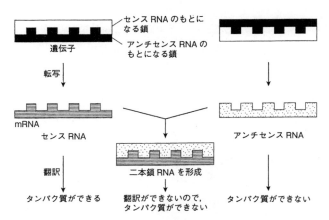

図3-10　アンチセンス法による遺伝子発現の抑制　（バイオテクノロジー概論　池上編著，朝倉書店，2012）
アンチセンスRNAを転写する遺伝子は、野生型遺伝子をプロモーターに対して反対方向に組み込むことでつくることができる。アンチセンスRNAは野生型遺伝子から転写されたRNA（センスRNA）と対合して二本鎖RNAを形成する。形成された二本鎖RNAはRNAサイレンシングにより分解され、翻訳が阻害される。

バーセーバー)という日持ちの良い遺伝子組換えトマトがつくられた(174ページ参照)。これは組換え作物の第1号である。

3.10 遺伝子組換え植物(形質転換植物)

A. Bt トキシン遺伝子導入作物(耐虫性作物)

トウモロコシはアメリカの重要な農作物の1つである。生産量世界最大で、全世界の約二分の一を誇る。生産量の半分以上が家畜飼料、デンプンとして利用されるデントコーン種(多用途トウモロコシ)で、スイートコーンやポップコーンはほんの一部にすぎない。トウモロコシの主要害虫の1つに**ヨーロッパアワノメイガ**がある。アメリカでは年間1エーカーあたり平均で収穫量の5%がこの害虫により失われ、年間金額にして約1800億円相当分の損失がある。Btトキシン導入形質転換トウモロコシ品種を栽培した場合には96%の高い防除効果が認められている。

アメリカにおけるトウモロコシの主要害虫としてチョウ目のヨーロッパアワノメイガとオオタバコガがある。これらの害虫に対して殺虫性の結晶タンパク質の **Bt トキシン**(δ-エンドトキシン、δ-内毒素)を生産する *Bacillus thuringiensis*(Bt菌)が生物農薬として使われている。Bt菌を培養し、芽胞が形成される時期になると、芽胞のなかにBtトキシンが形成され、培養後期に芽胞とBtトキシンが放出される。この芽胞とBtトキシンの混合物を生菌のまま、あるいは死菌を製剤として、米国環境保護局からその安全性が確認され、1971年に商品化された。わが国においても、1980年より**生物農薬**第1号として、主にチョウ目昆虫のヨトウガ、アワノメイガ、ハマキガ、コナガ、アメリカシロヒトリなどの幼虫防除に用いられている。Bt製剤は合成化学殺虫剤に比肩しうる高い害虫防除効果があるが、紫外線で短時間内に不活化されること、降雨により容易に葉面から流亡することなどの欠点があげられる。

そこで、これらの欠点を克服する目的で、Btトキシンの遺伝子をトウモロコシやワタに導入して害虫抵抗性の作物がつくられた。このタンパク質はチョ

ウ目幼虫に食下され、消化液中でアルカリ分解ならびに酵素分解された時点で初めて殺虫性を示す。すなわち、害虫がBtトキシンを食べ、腸のアルカリ性の消化液で消化すると、Btトキシンの部分分解が起こり、結晶体は130 kDaのタンパク質であるが、消化されたタンパク質は60 kDaほどの低分子の毒性タンパク質になる。やがて毒性タンパク質は中腸の細胞表面に達する。害虫中腸細胞には毒性タンパク質が結合する場所（レセプターという）があり、そこに結合すると毒性タンパク質の一部と細胞膜の一部が作用し合い、毒性タンパク質の一部が細胞膜に陥入し孔ができる。この孔を通して、H^+、Na^+、K^+などのイオンの出入りが異常になり、害虫は死ぬ。植物には非常に高いK^+があり、K^+を食べている害虫が細胞内のイオン濃度を調節することは大変重要なことである。Btトキシンは魚類、家畜、ヒト、植物には無害である。これは昆虫以外の生物の腸内にレセプターがないこと、胃の消化液が酸性のため60 kDa以下の低分子に消化され、毒性を失うからである。

　Btトキシン遺伝子導入形質転換ワタはチョウ目害虫に対して実用レベルの強い耐性を示した。またトウモロコシに直接遺伝子導入法により**ヨーロッパアワノメイガ耐性トウモロコシ**が作出された。**Btトキシン遺伝子導入ジャガイモ、Btトキシン遺伝子導入ワタおよびBtトキシン遺伝子導入トウモロコシ**は商業栽培されている。

B. ウイルス病抵抗性作物

　農作物に植物ウイルスが感染するとモザイク症状や奇形を呈し、甚大な被害となる。しかし、植物に先に侵入したウイルスが、後から侵入する近縁のウイルスの増殖または病徴発現を抑制する現象が知られている（**干渉効果、クロスプロテクション**）。この現象を利用したのが**弱毒ウイルス**によるウイルス防除法である（98ページ参照）。

　一方、1980年代のなか頃、TMVの外被タンパク質遺伝子の2本鎖cDNAを、バイナリーベクターを用いてタバコの染色体DNAに導入し、それを発現させることによって、TMV抵抗性のタバコを作出することに成功した。形質転換タバコ内で外被タンパク質遺伝子を発現させるためのプロモーターには**カリフラワーモザイクウイルスの35Sプロモーター**（96ページ参照）を、またター

ミネーターにはノパリン合成酵素遺伝子のターミネーターが用いられた。その後、外被タンパク質遺伝子の組み込みによる抵抗性形質転換植物の作出技術は、さまざまな植物ウイルスに応用されている。商業栽培されているものとしては、**パパイア輪点ウイルス抵抗性を付与されたパパイア、ジャガイモYウイルスに対する抵抗性が付与されたジャガイモ、カボチャモザイクウイルス、ズッキーニ黄斑モザイクウイルス、およびキュウリモザイクウイルスに対する抵抗性を付与されたカボチャ**がある。外被タンパク質遺伝子以外で、ジャガイモ葉巻ウイルスのヘリケース・複製酵素遺伝子によりジャガイモ葉巻ウイルス抵抗性が付与されたジャガイモがある。この形質転換ジャガイモは、同時にBtトキシン遺伝子を導入することによるコロラドハムシ抵抗性を併せもったジャガイモである。外被タンパク質遺伝子、ヘリケース・複製酵素遺伝子導入によるウイルス抵抗性獲得の機構は、これらの遺伝子由来のタンパク質が抵抗性を引き起こすのではなく、導入植物の細胞内で**転写後型ジーンサイレンシング**が誘導され、それにより近縁のウイルスの増殖が抑制されるものと考えられている（163ページ参照）。

C. 除草剤耐性作物

雑草を人手に頼らず効率よく取り除くために、多くの除草剤が開発されてきた。除草剤は作物と雑草を同時に枯らしてしまう危険性があるため、作物にだけ除草剤に対する耐性を付与できれば大変好都合である。このようなことから、早くから除草剤耐性植物作出の研究が行われてきた。

a. グリホサート耐性作物：**グリホサート（グリフォセート、商品名ラウンドアップ）** は、現在もっともよく利用されている非選択性除草剤の1つである。グリホサートは、浸透移行性がよく、茎葉から吸収されて植物の地下部まで移行し、植物体内でほとんど代謝されない。グリホサートは、非選択性の茎葉処理剤として一年生雑草、多年生雑草および雑灌木まで幅広い効果を発揮する。グリホサートは**芳香族アミノ酸**（トリプトファン、チロシン、フェニールアラニン）の合成に必要な **5-エノールピルビルシキミ酸-3-リン酸合成酵素（EPSPS）** に結合し、活性を阻害して、結果的に芳香族アミノ酸の欠失をもたらし、すべての植物を枯死させる。動物には

芳香族アミノ酸合成経路（シキミ酸経路）がないため、グリホサートの動物への毒性は低いとされている。アグロバクテリウム（*Agrobacterium* sp. CP4 株）がもつ EPSPS は、グリホサートとの親和性が低いため、芳香族アミノ酸合成経路は遮断されない。アグロバクテリウム（*Agrobacterium* sp. CP4 株）からこの遺伝子を取り出し、パーティクルガンを用いて導入したのが除草剤耐性のダイズ（商品名ラウンドアップ・レディー・ダイズ）である。商業栽培されているものとしては、**グリホサート耐性ダイズ**、**グリホサート耐性ナタネ**（商品名ラウンドアップ・レディー・ナタネ）や**グリホサート耐性ワタ**（商品名ラウンドアップ・レディー・ワタ）がある。

アメリカのダイズ栽培では、一般に最低 2 回は除草剤（播種直後の土壌処理と生育期の茎葉処理）が散布される。これに対し、グリホサート耐性ダイズ（商品名ラウンドアップ・レディー・ダイズ）の場合は、生育期に 1 回の散布ですむため、環境に負荷が少なく、経済的で省力化にもつながる。雑草害回避により 5％の増収があるとの報告もある。

土壌微生物のなかには除草剤を分解して利用しているものもある。これらの無毒化酵素遺伝子のいくつかはすでに単離されている。

b. グリホシネート耐性作物：**グルホシネート**は、グリホサート同様、一年生ならびに多年生雑草の非選択性除草剤として果樹園、非農耕地などで広く使用されている。グルホシネートは、グルタミン酸とアンモニアからグルタミンの生合成を触媒する**グルタミン合成酵素**（38 ページ図 1-21 参照）の活性を阻害して植物体内にアンモニアを蓄積させ、植物を枯死させる。放線菌は、グルホシネートの有効成分であるホスフィノスリシンをアセチル化して無毒化するホスフィノスリシンアセチル基転移酵素（PAT）の遺伝子をコードしており、この PAT 遺伝子をダイズ、ナタネ、トウモロコシに導入して**グルホシネート耐性作物**がつくられている。

c. ブロモキシニル耐性作物：**ブロモキシニル**は光合成反応の電子伝達系を阻害する除草剤で、細菌（*Klebsiella ozaenae*）のニトリラーゼはブロモキシニルを無毒化する活性をもっている。そこで、このニトリラーゼの遺伝子（*oxy*）を植物に導入して**ブロモキシニル耐性ナタネ**や**ブロモキシニル耐性ワタ**がつくられている。

d. 2,4-D耐性作物：2,4-D（2,4-ジクロロフェノキシ酢酸）は合成オーキシンの1種で、単子葉植物に無害な濃度で双子葉植物を枯死させるので、水田、麦畑など、イネ科植物栽培地で除草剤として用いられている。細菌（*Alcaligenes eutrophus* や *Sphingobium herbicidovorans* など）から2,4-Dを2,4-ジクロロフェノールに変換して無毒化する酵素（2,4-Dモノオキシゲナーゼ）の遺伝子が単離されている。この酵素の遺伝子やその改変型遺伝子を導入し、**2,4-D耐性トウモロコシや2,4-D耐性ダイズ**が開発された。グリホサート耐性の雑草の除草に使用されている。また、2,4-Dとグリホサートの両方に耐性のトウモロコシやダイズも作出されている。
e. ジカンバ耐性作物：芳香族カルボン酸系の除草剤「ジカンバ」に耐性のダイズやワタが作出されている。ジカンバとグリホサートの両方に耐性のダイズやワタも作出されている。
f. スルホニル尿素系除草剤やイミダゾリノン系除草剤耐性作物：スルホニル尿素系除草剤やイミダゾリノン系除草剤は、分岐アミノ酸（バリン、ロイシン、イソロイシン）生合成の鍵（かぎ）酵素のアセト乳酸合成酵素（ALS）を阻害する。その結果、雑草に、成長の停止や茎葉の退色、組織の壊死（えし）をもたらし枯死させる。スルホニル尿素系除草剤やイミダゾリノン系除草剤に耐性の *ALS* 遺伝子を導入し、**スルホニル尿素系除草剤耐性作物やイミダゾリノン系除草剤耐性作物**がつくられている。

D. 雄性不稔植物

　異なる遺伝子をもつ両親間の雑種一代では、ある形質、例えば大きさや収量などで両親のいずれよりも勝ることがある。このような現象を**雑種強勢（ヘテロシス）**という（52ページ参照）。現在販売されている野菜や花の種子のほとんどはこの雑種強勢を利用したハイブリッド（F_1品種）である。しかし一代雑種をつくるためには、同株間で交雑が起こらないように、母株の雄しべをあらかじめ除去しなければならない。トウモロコシのように、他殖性で雄穂と雌穂に分かれている植物では比較的簡単に**ハイブリッド種子（ハイブリッドコーン）**を作ることができるが、イネのように自殖性で、雄しべと雌しべが同じ花

3.10 遺伝子組換え植物(形質転換植物)

のなかにある植物では、雄しべだけを1つひとつ切り取るという作業は実際上できない。このような植物で一代雑種をつくろうとすると、どうしても花粉をつくらない植物、すなわち**雄性不稔植物**が必要となる。**ハイブリッドライス**は雄性不稔イネを利用してつくった雑種一代目のイネのことで、ハイブリッドライスの収量は、普通のイネの場合の3割増しといわれている。

そこで、遺伝子組換え技術を用いて下記の方法で花粉をつくらない作物が作出された。

a. リボヌクレアーゼ遺伝子を導入して作られた雄性不稔作物:ハクサイやキャベツのようにナタネでも雑種強勢の利用が試みられた。しかしナタネでは自家不和合性の発現が弱く、F_1 品種の育成は容易ではなかった。そこで、遺伝子工学的手法により雄性不稔株の作出がなされた。花粉母細胞は、葯室の内側のタペータムに接着し、そこから栄養を取りながら2回分裂を繰り返して花粉粒に発達する。このような花粉形成に必要な遺伝子の発現を制御しているプロモーターは、花粉形成の特定の時期に限って、タペータムという特定の組織でのみ働く。このようなプロモーターの1つにTA29がある。したがってTA29プロモーターは時期特異的で、かつ組織特異的である。そこで、タペータムで特異的に発現している遺伝子のTA29プロモーターの下流にリボヌクレアーゼ(RNA分解酵素)遺伝子をつないでナタネに導入した。リボヌクレアーゼ遺伝子にはリボヌクレアーゼT1遺伝子あるいはバーナーゼ遺伝子が用いられた。このような形質転換植物では、花粉がつくられる時期になると、リボヌクレアーゼが葯のなかにだけ合成され、タペータム内のmRNAを分解する。その結果、花粉の形成に必要なタンパク質は合成されず、花粉のない花となる(**雄性不稔系統ナタネ**)。この雄性不稔ナタネにリボヌクレアーゼインヒビター(リボヌクレアーゼの活性を阻害するタンパク質、バースター)遺伝子を発現させる形質転換ナタネ(回復系統)を交配させて、雄性不稔植物の稔性を回復させれば、F_1 品種ができあがる。なお、不稔系統の種子を得るための維持系統には不稔系統を作るために使ったもとの系統(組換えナタネを作るために使った元の系統)が利用できる。

b. 葯特異的に発現するDNAメチラーゼ遺伝子を導入して作出された雄性不

稔作物：遺伝子のプロモーター DNA をメチル化することにより、プロモーターの活性を抑え、その遺伝子の発現を抑制することができる。大腸菌の *dam* メチラーゼ（GATC 配列中のアデニン残基を特異的にメチル化する酵素）は *dam* 遺伝子にコードされている。トウモロコシのなかで、葯特異的に発現する遺伝子 *512del* のプロモーターにこの *dam* 遺伝子を連結して導入し、葯特異的に発現させると葯や花粉の形成が阻害され、雄性不稔となった。

c. グリホサート誘発性雄性不稔トウモロコシ：組織特異的除草剤グリホサート耐性を利用することにより、雑種一代目のトウモロコシ種子を容易に採取することができるようになった。栄養組織や雌性生殖組織で活性をもっているが、花粉の成熟に関与しているタペート細胞では活性をもっていないプロモーターに、グリホサート耐性遺伝子を連結する。それが導入されたトウモロコシをグリホサート非存在下で自家受粉させて導入遺伝子をホモ接合でもつ品種を作出し、種子親とする。一方、種子親とは別品種で、全組織で活性を示すプロモーターにグリホサート耐性遺伝子を連結してトウモロコシに導入し、導入遺伝子をホモ接合でもつ品種を作出し、花粉親とする。種子親と花粉親を隣接して栽培し、雄花が分化する頃にグリホサートを散布すると、種子親の花粉は不稔となる。花粉親の花粉は稔性があるため、種子親の雌花と受粉する。種子親のみから種子を採取すればそれはヘテロ接合の F_1 種子となる。なお、F_1 植物体はグリホサート耐性を示す。

E. 日持ちのするトマト

トマトは成熟するにつれて青い果実が赤くなり、柔らかくなる。植物ホルモンのエチレンが果実の成熟に深く関係している。トマトは生産地から消費地までに輸送する間や貯蔵している間に、その植物自身がつくる**エチレン**によって徐々に熟していく。そのため、まだ完全には熟していない段階で収穫されて消費地に送られる。このエチレンがつくられるのを抑えることができれば、輸送中や貯蔵中にトマトが熟しすぎて傷むのを抑えることができる。エチレンはメチオニンから S-アデノシルメチオニン（SAM）を経て、**1-アミノシクロプロ**

パンカルボン酸（ACC）からつくられるが、SAM から ACC を合成する際には **ACC 合成酵素**が、また、ACC からエチレンを合成するときには **ACC 酸化酵素（アミノシクロプロパンカルボン酸オキシダーゼ、エチレン合成酵素）**が必要である（74 ページ 1-43 参照）。そこで、これらの酵素のいずれか一方の遺伝子の**アンチセンス RNA** をトマトにつくらせると、果実の成熟が抑えられる。また、このような組換えトマトの果実に外からエチレンを与えると、成熟する。

　エチレン生合成中間体である ACC を分解することでエチレン生産を抑制し、日持ちのするトマトがつくられている。土壌細菌のなかには、シュードモナス属菌（*Pseudomonas chlororaphis*）のように、ACC を栄養源として生きているものもある。この細菌は ACC を分解する酵素をもっており、その 1 つが ACC デアミナーゼである。**ACC デアミナーゼ**は ACC を α-ケト酪酸とアンモニアに分解する。ACC デアミナーゼ遺伝子を導入したトマトの実は収穫後 3 ヶ月たってもみずみずしく固いが、非組換えトマトの実は収穫後 40 日で腐り始め、3 ヶ月で黒ずみ、形は完全に崩れてしまう。

　エチレン生合成中間体である S-アデノシルメチオニン（SAM）を加水分解して減少させ、結果としてエチレン合成量を減少させて**日持ちのするトマトやメロン**がつくられている。これらの品種は SAM 加水分解酵素遺伝子の導入によって達成された。

　ポリガラクツロナーゼという酵素は、トマト果実の軟黄化に重要な働きを果たしており、果実が成熟するときに合成される。アメリカのカルジーン社（後に、モンサント社に吸収合併される）はこのポリガラクツロナーゼ遺伝子の発現を**アンチセンス法**（167 ページ参照）を用いて抑制した形質転換トマトを作出し、収穫後も傷みにくく長持ちするトマトを開発した。1994 年にはアメリカ食品医療品局の許可を得てこの形質転換トマトを**フレーバーセーバー**という商品名で販売した。これが市販された遺伝子組換え作物の第 1 号である。

F. オレイン酸含量が高いダイズ

　油糧作物の育種目標の 1 つは、一価不飽和脂肪酸であるオレイン酸含量が高く、飽和脂肪酸含量が低い健康によい油をつくることである。オレイン酸のような一価不飽和脂肪酸を多量に含む油脂は血中の高密度リポタンパク質の比率

を増やして、動脈硬化を防止する。更に、オレイン酸は多価不飽和脂肪酸（リノール酸やリノレン酸）に比べ酸化に安定である。そのため、高オレイン酸ダイズ油は揚げ油などに適している。脂肪酸の合成系の一部を図3-11に示した。ここで、オレイン酸からリノール酸の合成をつかさどる酵素がΔ12デサチュラーゼであり、これをコードしている遺伝子が*fad2*遺伝子である。非組換えダイズにおいてはこの酵素の活性が高く、リノール酸まで合成が進むため、脂肪酸組成でみると約55%がリノール酸である。もし*fad2*遺伝子の発現を抑制すれば、**オレイン酸含量の高いダイズ**になる。そこで、**アンチセンス法**を用いて*fad2*遺伝子の発現を抑制して高オレイン酸含量の遺伝子組換えダイズが作出された。健康によい高オレイン酸油としてはオリーブ油があるが、この高オレイン酸含量の遺伝子組換えダイズのオレイン酸含量はオリーブ油を超えている。高オレイン酸含量の遺伝子組換えダイズの形態は既存のダイズと変わりがなく、オレイン酸含量以外のそのほかの炭水化物などの量および組成はすべて既存のダイズと変わらないことから、既存のダイズと比較して安全性は変わらないということが確認された（**実質的同等性**）。

δ-12デサチュラーゼ(*fad2*)

アセチルCoA→→→パルミチン酸→ステアリン酸→オレイン酸⇸リノール酸→リノレン酸

種子中脂肪酸組成(%)	非組換えダイズ	11	4	22	55	8
	高オレイン酸ダイズ	7	3	83	2	4

図3-11 脂肪酸合成経路および非組換えダイズと高オレイン酸ダイズの脂肪酸組成比（図中データはデュポン（株）の好意による）

G. ステアリドン酸を含有するダイズ

エイコサペンタエン酸（EPA）やドコサヘキサエン酸（DHA）などの長鎖オメガ-3脂肪酸は、脳梗塞や心筋梗塞の予防物質である。しかし、EPAやDHAは酸化されやすいため、食品への利用が制限される。そこで、サクラソウ（*Primula juliae*）由来の改変Δ6-デサチュラーゼ遺伝子とアカパンカビ由来の改変Δ15-デサチュラーゼ遺伝子をダイズに導入して、長鎖オメガ-3脂肪酸の代謝前駆体である**ステアリドン酸（SDA）を含有するダイズ**が開発された。

H. リシン含量が高いトウモロコシ

トウモロコシでは必須アミノ酸の1つであるリシンの含有量が低いため、動物飼料用トウモロコシにはリシンが添加されている。そこで、**リシン含量が高いトウモロコシ**が開発された。高等植物、緑藻、真菌、細菌などでは、リシンはアスパラギン酸からジアミノピメリン酸経路を経て合成される。ジアミノピメリン酸経路の最初の反応はアスパラギン酸 β -セミアルデヒドから始まり、ジヒドロジピコリン酸シンターゼ（DHDPS）によりピルビン酸と縮重して2,3-ジヒドロジピコリン酸となるが、ジヒドロジピコリン酸シンターゼはリシンにより特異的にフィードバック阻害を受ける。そこで、リシン含量の高いトウモロコシの作出には、グルタミン酸菌から単離されたリシンによるフィードバック阻害が解除される変異型 DHDPS をコードしている遺伝子（*cordapA*）が利用された。プロモーターにはトウモロコシの胚乳に存在するグロブリン（貯蔵タンパク質）遺伝子のプロモーターが用いられた。*cordapA* が導入されたトウモロコシでは、リシンによるフィードバック阻害が解除されているため、トウモロコシ種子中でリシン生合成が行われ、リシン含有量が増加した。

I. 耐熱性 α -アミラーゼを含有するトウモロコシ

エタノールの工業的生産では、発酵原料としてトウモロコシやサツマイモなどのデンプンが用いられる。デンプンを原料とするためには糖化工程が必要で、糖化反応を促進するために微生物由来の耐熱性 α -アミラーゼが添加される。そこで、デンプンの糖化工程の省力化と低コスト化を図るために、**耐熱性 α -アミラーゼ含有トウモロコシ**が開発された。トウモロコシへ導入された耐熱性 α -アミラーゼ遺伝子は、好熱古細菌由来の α -アミラーゼ遺伝子を改変したものである。

J. 乾燥耐性のトウモロコシ

作物の収量を減少させる大きな要因の1つに干ばつがある。北米ではトウモロコシの減収量の約40％は干ばつによるため、乾燥に強いトウモロコシの開発は育種目標の1つである。そこで、トウモロコシに枯草菌由来の**低温ショッ**

クタンパク質（CSPB）をコードする改変 *cspB* 遺伝子を導入した、**乾燥耐性トウモロコシ**が作出された。細菌内で転写された mRNA は多様な環境ストレス条件下において部分的に二次構造が形成され、翻訳が阻害される。しかし、CSPB が存在するとそれが mRNA に結合し、mRNA の二次構造を解消して mRNA の翻訳を助け、細胞機能を向上させる。CSPB は RNA シャペロンの機能をもっている。*cspB* 遺伝子を導入したトウモロコシは、乾燥ストレス条件下において CSPB を発現し、収量の減少を抑制することができる。

K. アミロペクチン含量が高いジャガイモ

紙や接着剤の原料として利用されるジャガイモでは低アミロース・高アミロペクチンの品種が望まれる。デンプンを合成する酵素をデンプン合成酵素といい、デンプン合成酵素にはデンプン粒子と結合した顆粒性のものと可溶性のものとがある。ウルチ型（アミロース20％、アミロペクチン80％）のトウモロコシやイネのデンプン合成酵素は顆粒性であり、モチ型種子（アミロペクチン100％）ではほとんどすべての活性が可溶性区分に存在し、デンプン粒子にはほんのわずかの活性しか認められない。顆粒性酵素はアミロースの生合成に関与している。そこで、**アンチセンス法**を用いて、顆粒性酵素の活性を制御し、アミロース生成を抑制することによって**アミロペクチン含量が高いジャガイモ**が作出された。チェコ共和国、スウェーデン、ドイツで商業栽培されている。

L. 青色のカーネーションと青色のバラ

花色の成分には黄色〜青色までの広いスペクトルをもつフラボノイドがある。同一あるいは近縁種の花弁には特定のアントシアニンのみが蓄積する場合が多く、交配育種によって花色の種類を多くするには限界がある。しかし遺伝子組換え技術を用いると種の壁を越えた遺伝資源が利用でき、花色を多彩にすることができる。

バラ、カーネーション、キク、ガーベラには紫から青色の花の品種がない。そこで、カーネーションに**フラボノイド 3´,5´- 水酸化酵素遺伝子**を導入すると（図 3-12 の※印）、**デルフィニジン**の蓄積が起こり、**青色のカーネーション**がつくられた（図 3-12）。組換えカーネーションの花色はやや紫色で、真っ

3.10 遺伝子組換え植物（形質転換植物）

青にならないのはほかの花と比較して花弁が酸性寄りであるためである。ムーンダストという商品名で、日本、オーストラリア、アメリカで販売されている。この青色のカーネーションは、1995年にサントリー（株）とオーストラリアのフロリジーン社と共同開発したもので、1997年から商業販売された。わが国で商品化された最初の遺伝子組換え植物である。

続いてサントリー（株）はフロリジーン社との共同開発で、2004年には**青いバラ**（組換えカーネーションと同じ理由で青いバラの花色はやや紫色である。）を発表した。赤とオレンジ色の色素の合成を抑制し、青色の色素を産生させることにより作出された。バラには、青色の色素を産生させるための、ジヒドロケンフェロールからジヒドロミリセチンを作るフラボノイド3′,5′-水酸化酵素遺伝子がない（図3-12の※印）。赤とオレンジ色の色素の合成を抑制するための標的はジヒドロフラボノール還元酵素（DFR）（図3-12）であ

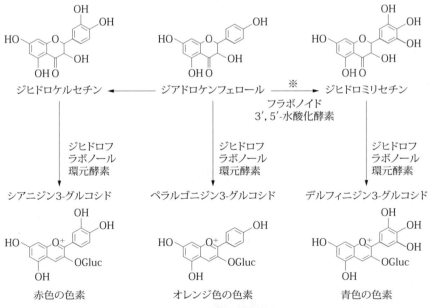

図3-12 花の色素であるアントシアニンの簡略化した合成経路
　バラにはデルフィニジン3-グルコシドという青い色素の前駆体を作るフラボノイド3′,5′-水酸化酵素をコードする遺伝子が存在しない。ほかの植物では、この酵素は＊印で示す箇所で作用している。縦の矢印に相当する反応はすべてジヒドロフラボノール還元酵素（DFR）という1つの酵素によって触媒されている。

る。DFR は、図 3-12 に示した経路において、前駆体分子を修飾する。DFR 遺伝子の発現を抑制された植物は白色になる。しかし、*DFR* 遺伝子はデルフィニジンの合成にも必要とされる。そこで、RNA 干渉（RNAi）（163 ページ参照）により、バラの *DFR* 遺伝子の発現を抑制してからアイリスの *DFR* 遺伝子を導入し、さらにバラにない酵素を補うためにパンジーのフラボノイド 3´, 5´- 水酸化酵素遺伝子を導入した。こうして花弁に高レベルのデルフィニジンが生産され、シアニジンを少量しか含まないバラを作ることができた。バラとアイリスの DFR はよく似ているが、アイリスの DFR は主としてデルフィニジンを合成するという違いがある。RNAi は特異性が高いため、バラの *DFR* 遺伝子を選択的に失活させ、アイリスのホモログは失活させずにおくことができる。

　植物によって DFR のジヒドロケンフェロールに対する選択性が異なる。多くの植物の DFR はジヒドロケンフェロールを還元し、ペラルゴニジンを合成することができるが、ペチュニアの DFR は、ジヒドロケンフェロールを還元することはできない。そこで、ジヒドロケンフェロールを還元することができるトウモロコシの *DFR* 遺伝子をペチュニアに導入し、ペラルゴニジンを産生させ、オレンジ色のペチュニアがつくられた。また、ガーベラ、バラなどからもジヒドロケンフェロールを還元することができる *DFR* 遺伝子を単離し、ペチュニアに導入してオレンジ色のペチュニアが創出された。

3.11　遺伝子組換え作物の安全性評価

　遺伝子組換え生物（living modified organism : LMO）が生態系や生物多様性に対して悪影響を及ぼさないよう、遺伝子組換え生物の国境を超える移動に関する手続きを定めた国際的な枠組みについて、「バイオセーフティに関する**カルタヘナ議定書（カルタヘナ議定書）**」が採択された（2000 年）。カルタヘナ議定書の目的は遺伝子組換え生物の使用などによる生物多様性への悪影響を防止することであり、遺伝子組換え生物の国境を超える移動、通過、取り扱いに適用される。規制の対象となる遺伝子組換え生物は、遺伝子組換え技術また

は分類上の異なる科間の細胞融合によって得られた核酸やそれを有する生物を指す。この議定書に求められている措置を日本国内で実施するための法律が、「遺伝子組換え生物等の使用等の規制による生物の多様性の確保に関する法律（**カルタヘナ法**）」である。

わが国における組換え作物の安全性評価は、規制当局が国内法を設置し、それぞれ独立に行っている。組換え作物の安全性評価は、環境に対する安全性評価（カルタヘナ法（環境省、農林水産省））、食品としての食品健康影響評価（食品衛生法、食品安全基本法（厚生労働省、内閣府食品安全委員会））、飼料としての安全性評価（飼料安全法、食品安全基本法（農林水産省、内閣府食品安全委員会））から構成されている。企業や研究機関が組換え作物を開発、実用化するためには次のような5段階の安全評価実験を経なければならない。

第1段階は閉鎖系実験（実験室、**閉鎖系温室**で行う実験）が行われ、第2段階では**特定網室**実験で安全性が調べられる（**第2種使用**）。この段階までは環境への拡散防止措置をとりながら実施され、導入した遺伝子が確実に後世代に安定して伝わるか、有害物質をつくらないか、組換え植物が生態的にどんな特性をもっているかなどの点が調べられる。続いて、組換え作物の環境導入実験は、個別案件ごとに**隔離圃場**（第3段階）、**一般圃場**（第4段階）と段階的に行われる（**第1種使用**）。第1段階の閉鎖系温室は、前室があり、前室にはオートクレーブが設置されていることが推奨されている。原則として空調装置が設置されている。給排気系には花粉などを捕捉するフィルターが取り付けられており、床はコンクリート敷きで、床からの排水は回収できる構造になっている。第2段階の特定網室は、外部からの昆虫の侵入を最小限にとどめるため、外気に開放された部分に網（メッシュサイズ1mm）が設置されている。野外から網室に直接出入りできる場合には、前室が設置されている。排水を回収するための設備、機器、器具が取り付けられており、網室の床に排水を回収することができる構造である。排水はすべて高圧滅菌処理することになっている。第3段階の隔離圃場とは、組換え作物の栽培が行われる環境を模した一定の画された区域で、区域外での増殖を防止するとともに、花粉などが影響を与えないよう措置された圃場のことである。隔離圃場での栽培試験により安全性が確認されたものについては、一般圃場（制限措置は講じられていない）で、

組換え作物が生態系に与える影響に関する特性を中心に調べられる（第4段階）。組換え作物が食品の場合には食品衛生法にしたがって評価する（第5段階）。第1段階から第4段階まではカルタヘナ法にしたがった安全性評価の過程である。**第2種使用**とは、組換え生物の拡散を防止するための措置を講じて組換え生物を使用する場合で、これらの措置を行わないで使用する場合を**第1種使用**という。第2種使用については文部科学省と環境省が、第1種使用については農林水産省と環境省が共同で評価、監督を行っている。

3.12　世界における遺伝子組換え作物栽培の現状

1996年の遺伝子組換え作物の商業栽培開始以来（当時の世界における遺伝子組換え作物の栽培面積は170万ha）、栽培面積は飛躍的に増加し、2014年には1億8500万ha（わが国の国土の約4.9倍）に達した。また、途上国の遺伝子組換え作物栽培面積は、世界の遺伝子組換え作物面積の54％を占めている（2013年）。組換え作物の主流は、**除草剤耐性、害虫およびウイルス病耐性の形質を導入したダイズ、トウモロコシ、ワタ、ナタネ、テンサイ**などである。2013年度世界でもっとも多く栽培された遺伝子組換え作物はダイズ（世界における遺伝子組換え作物の栽培面積の48％）で、続いてトウモロコシ（世界における遺伝子組換え作物の栽培面積の33％）、ワタ（世界における遺伝子組換え作物の栽培面積の14％）、ナタネ（世界における遺伝子組換え作物の栽培面積の5％）である。2013年には組換えダイズは世界におけるダイズの総栽培面積の79％、組換えトウモロコシは32％、組換えワタは70％、組換えナタネは24％を占めている。組換え作物を交配することによって作り出された複数の性質をもった組換え作物を**スタック品種**という。2014年に作付された組換えトウモロコシやワタのうち、害虫耐性の性質と除草剤耐性の両方をもったスタック品種は約80％を占めていた。スタック品種は組換え作物の中で徐々に重要性を増している。商業栽培を行っている国は2013年にはアメリカを初め、27カ国（アメリカ、カナダ、ブラジル、アルゼンチン、オース

トラリア、インド、中国、フィリピン、スペイン、ポルトガル、チェコ、ルーマニア、ポーランド、南アフリカ、エジプトなど）に及ぶ。わが国ではこれまで厚生労働省によって安全性を経たものとしては、ジャガイモ、ダイズ、テンサイ、トウモロコシ、ナタネ、ワタ、アルファルファ、パパイアの農作物がある（表3-1）。しかし、食品用組換え作物は栽培されておらず、**遺伝子組換えカーネーション**と**遺伝子組換えバラ**のみが商業栽培されている。

表3-1 わが国において安全性審査を行った食品

食品	性質
ジャガイモ	コロラドハムシ抵抗性、ジャガイモYウイルス抵抗性、ジャガイモ葉巻ウイルス抵抗性
ダイズ	除草剤グリホサート耐性、チョウ目害虫抵抗性、高オレイン酸形質、低飽和脂肪酸・高オレイン酸・除草剤グリホサート耐性、イミダゾリノン系除草剤耐性、除草剤ジカンバ耐性、除草剤ジカンバ耐性・除草剤グリホサート耐性
テンサイ	除草剤グリホサート耐性
トウモロコシ	除草剤グリホサート耐性、除草剤グリホシネート耐性、コウチュウ目害虫抵抗性、コウチュウ目害虫抵抗性・除草剤グリホサート耐性、コウチュウ目害虫抵抗性・チョウ目害虫抵抗性、コウチュウ目害虫抵抗性・除草剤グリシネート耐性、チョウ目害虫抵抗性、高リシン形質、高リシン形質・コウチョウ目害虫抵抗性、コウチュウ目害虫抵抗性・チョウ目害虫抵抗性・除草剤グリシネート耐性、耐熱性α-アミラーゼ産生、乾燥耐性、アリルオキシアルカノエート系除草剤耐性、除草剤グリホサート誘発性雄性不稔
ナタネ	除草剤グリホサート耐性、雄性不稔性、除草剤グリホシネート耐性、稔性回復性
ワタ	チョウ目害虫抵抗性、除草剤グリホサート耐性、除草剤グリホシネート耐性
アルファルファ	除草剤グリホサート耐性
パパイア	パパイア輪点ウイルス抵抗性

3.13 DNA による品種・系統識別法

A. 品種と系統

　品種や系統は農業の面からつくられた用語である。イネ（*Oryza sativa*）は**種**（species）であり、「コシヒカリ」や「ササニシキ」は**品種**（cultivar）である。**系統**とは親を共有する個体群を指し、似通っている集団である。品種をつくる前段階で、いろいろな親由来の多数の系統をつくり、そのなかからよい系統を選んでそれに名前をつけ、登録して、新品種とする。農家が栽培しているのは品種である。

　わが国で新品種保護の目的で作られた法令が**種苗法**である。品種として登録できる対象植物は、稲、麦、野菜、果樹、花卉、観賞樹、きのこ類、のりなど、農林水産物の生産のために栽培されている植物である。

　品種として認定される要件は以下のように要約される。

① 既存の品種と重要な形質によって区別できること（区別性）
② その形質が同一世代のなかで均一に保たれていること（均一性）
③ 繰り返し栽培しても形質が安定していること（安定性）
④ 出願前に販売されていないこと（新規性）
⑤ 品種の名前が登録商標、既存のほかの品種の名称と紛らわしくないこと（名称の適切性）

B. 品種・系統識別法

（1）制限酵素断片長多型を用いる検出法

　制限酵素は DNA の 4 ないしは 6 塩基からなる認識部位を切断する酵素で、DNA を種々の長さに切断する。各種制限酵素はそれらが切断する塩基配列との特異性が高く、1 個の塩基配列がほかの塩基に置き換わっても、また欠失しても切断されない。そこで、特定の制限酵素を用いて DNA を切断し電気泳動すると、DNA 断片を長さにしたがって分けることができる。これを**制限酵素断片長多型**（restriction fragment length polymorphism; **RFLP**）を用いた検

出法という。すなわち、比較するDNA間で塩基配列に差異があれば、制限酵素で切断されたDNA断片の長さの違いとして検出できる。

ミトコンドリア、葉緑体などの比較的小さなサイズの場合は、数十個前後のDNA断片が得られ、これらのDNA断片の識別は電気泳動後の染色で可能である。しかし、細胞のDNAのように長いDNAを制限酵素で切断して、電気泳動すると断片数が非常に多くなり、バンドパターンの比較は困難である。このような場合には、特定のDNAプローブを設計し、サザンハイブリダイゼーションによりDNA断片を識別することができる。プローブを放射性同位元素あるいは非放射性標識物質によって標識しておけば、ハイブリッドを形成したDNA断片はX線フィルム上にバンドとして検出される。

タマネギ在来種、ニンニク、栽培ゴマでは、イネのミトコンドリア遺伝子（$atpA$、$cox1$など）をプローブにしたRFLP解析により、品種、系統の分類が試みられている。キュウリでは、キュウリ由来のDNA断片をプローブとして、品種識別を行っている。芝草類では、コムギの光合成関連遺伝子（$rbcS$）などをプローブに用いて系統診断を行っている。

（2） RAPDを用いる検出法

PCR（ポリメラーゼ連鎖反応）法で増幅したDNAの長さを比較することによって品種、系統を識別することができる。合成プライマーの塩基配列を任意に変えることによって、多様なPCR産物を得ることができる。**ランダムプライマー（任意配列プライマー）を用いて検出される多型をRAPD**（random amplified polymorphic DNA）という。合成プライマーの塩基配列を任意に変えることによって、多様なPCR増幅産物を得ることができる。ランダムプライマーを用いてイネ35品種からインディカ品種を識別することができる。リンゴ栽培種では、花粉親の判定に使用されている。アズキ、ニンジンの品種群分類、スイカ、トマトの品種間差異及びF_1検定への利用、ウメの品種識別や親子鑑定に使われている。

（3） マルチローカスプローブを用いるRFLP

ゲノム上の反復配列はその分布や分散の機構により2つのグループに分類

される。1つは配列単位が縦列に繰り返す縦列型反復配列であり、そのメンバーには大型サテライトDNA（セントロメア領域やヘテロクロマチン領域）や小型サテライトDNA（ミニサテライトDNA、マイクロサテライトDNA）がある。もう1つは反復配列が染色体中に散在しているもの（分散型反復配列）である。これらの反復配列のうち、ミニサテライトDNAとマイクロサテライトDNAが品種・系統識別に利用される。

　ミニサテライトDNAは、一般的に10〜100塩基の配列を反復単位としており、全体は1 kbpから20 kbpのものが多い。ミニサテライトDNAに類似した配列が、染色体DNA中に数多く散在し、しかもそれぞれの反復回数が高頻度に異なる。これらのミニサテライトDNAの共通配列（コア配列）を見出し、プローブができるだけ多くのミニサテライトDNAとハイブリッドを形成するように設計されたプローブを**マルチローカスプローブ**という。このプローブを用いてRFLPを行うと、品種・系統識別が可能である。サザンハイブリダイゼーションを用いた、ミニサテライトDNAによるRFLPを、特に**DNAフィンガープリント法**という。

　マイクロサテライトDNAの多くは通常2〜3個の塩基の組が15〜40回程度反復しており、全体は150 bp未満である。シトシンとアデニンがn回反復する場合（CA)nのように表記される。マイクロサテライトDNAはゲノムDNA中に散在し、品種・系統間で、繰り返しの回数の違いが高頻度に認められ、そのコア配列をプローブに用いたDNAフィンガープリント法もある。

（4）　シングルローカスプローブを用いるRFLP

　シングルローカスプローブは、染色体上の特定部位にハイブリッドを形成するプローブであり、単離された遺伝子やcDNA、または染色体からランダムにクローン化されたDNA断片である。したがって、検出されるバンドは通常1本か数本であり、品種分類に利用するためには、多数のプローブを用いて調査する必要がある。ただし、リボソームRNA遺伝子など、多型性の高いプローブを用いると少数のプローブで識別が可能になる。

　葉緑体DNAやミトコンドリアDNAの遺伝子は、種間あるいは属間に共通した塩基配列部分が存在し、これらは母性遺伝することから、これらの遺伝子

を用いることにより、母親の推定や植物間の系統関係の類推に数多く用いられている。

1）**形質転換植物（トランスジェニック植物、遺伝子組換え植物）**とは、遺伝子組換え技術を用いて特定の外来遺伝子を導入し、その遺伝子が発現している植物をいう。

2）グラム陰性の土壌病原菌である *Agrobacterium tumefaciens*（学名は *Rhizobium radiobactor* に変更）は、双子葉植物に感染して、根頭がん腫病を引き起こし、根と茎との境目にクラウンゴールとよばれる腫瘍を形成する。

3）アグロバクテリウムの **Ti プラスミド**には T-DNA と *vir* 領域が存在する。T-DNA 領域は植物の染色体に組み込まれる領域で、腫瘍形成に必要なオーキシン合成を支配する遺伝子とサイトカイニンを支配する遺伝子のほか、特殊なアミノ酸（オパイン）を合成する酵素遺伝子をコードしている。一方、*vir* 領域は T-DNA 領域の切り出しや植物細胞への移行、染色体への組み込みに必要な遺伝子群をコードしている。

4）*Agrobacterium rhizogenes*（*Rhizobium rhizogenes* に学名変更）は Ri プラスミドをもち、毛根病を引き起こす。

5）**バイナリーベクター**は Ti プラスミドを用いて構築された外来遺伝子導入ベクターである。バイナリーベクターを用いて植物に外来遺伝子を導入する方法に**リーフディスク法**がある。

6）**選択マーカー遺伝子**は、形質転換細胞を効率よく選抜するためのものであり、通常は遺伝子導入した培養細胞や組織を育成するための培地に添加した抗生物質を解毒する遺伝子が用いられる。選択マーカー遺伝子にはネオマイシンホスホトランスフェラーゼ遺伝子やハイグロマイシンホスホトランスフェラーゼ遺伝子などがある。

7）**アセトシリンゴン**を使用することにより、*A. tumefaciens* によるイネの形質転換が可能である。

8）**選択マーカー遺伝子を含まない（選択マーカーフリー）形質転換植物の作製法**には MAT ベクターシステムおよび Cre-*loxP* システムがある。
9）直接遺伝子導入法による植物の形質転換法にはパーティクルボンバードメント法、エレクトロポレーション法やポリエチレングリコール法がある。
10）**一過的遺伝子発現**とは、直接遺伝子導入法によりプロトプラストや細胞に導入した遺伝子はゲノムには組み込まれないものの、一過的に非常に効率よく遺伝子発現することをいう。これを利用した遺伝子発現の解析方法を**トランジェントアッセイ**という。
11）**レポーター遺伝子**とは、その遺伝子の発現を定量的または組織化学的に測定する目的で用いられる遺伝子をいう。レポーター遺伝子としては、β－グルクロニダーゼ（GUS）遺伝子、ルシフェラーゼ（LUC）遺伝子、緑色蛍光タンパク質（GFP）遺伝子およびクロラムフェニコールアセチルトランスフェラーゼ（CAT）遺伝子が用いられる。
12）**RNA サイレンシング**は、植物が生来もっているウイルスから身を守る防御反応の１つである。一方、ウイルスは RNA サイレンシングを抑制するタンパク質（**サプレッサー**）をコードしており、それにより感染を成立させようとする。植物分野では、RNA サイレンシングを特に転写後型ジーンサイレンシング（PTGS）とよぶ。
13）**遺伝子組換え植物**には、Bt トキシン遺伝子導入作物（耐虫性作物）、ウイルス病抵抗性作物、グリホサートやグルホシネート耐性作物（除草剤耐性作物）、雄性不稔植物、日持ちのするトマト、オレイン酸含量が高いダイズ、ステアリドン酸を含有するダイズ、リシン含量が高いトウモロコシ、乾燥耐性トウモロコシ、耐熱性 α-アミラーゼを含有するトウモロコシ、アミロペクチン含量が高いジャガイモ、青色のカーネーション、青色のバラ、オレンジ色のペチュニアおよび種々の花色のガーベラなどがある。
14）**組換え作物の安全性評価**は、環境に対する安全性評価（カルタヘナ法）、食品としての食品健康影響評価（食品衛生法）および飼料としての安全性評価（飼料安全法）から構成されている。企業や研究機関が組換え作物を開発および実用化するためには安全評価実験を経なければならない。
15）**品種・系統識別法**には、制限酵素断片長多型（RFLP）を用いる検出法、

RAPDを用いる検出法、マルチローカスプローブを用いるRFLPおよびシングルローカスプローブを用いるRFLPがある。

［参考文献］

1) 池上正人他、「バイオテクノロジー概論」、朝倉書店、1995
2) 森川弘道・入船浩平、「植物工学概論」、コロナ社、1996
3) 池上正人、「植物バイオテクノロジー」、理工図書、1997
4) 横田明穂（編）、「植物分子生理学入門」、学会出版センター、1999
5) 大澤勝次・田中宥司（編）、「遺伝子組換え食品」、学会出版センター、2000
6) Lesk,A.M.、坊農秀雅（監訳）「ゲノミクス」、メディカル・サイエンス・インターナショナル、2009
7) 池上正人編著、「バイオテクノロジー概論」、朝倉書店、2012
8) 池上正人・海老原充、「分子生物学　第2版」、講談社サイエンティフィク、2013

第4章

ゲノム解析

　真核生物の場合、配偶子に含まれる染色体の全体、すなわち半数性の染色体の一組を**ゲノム**という（8ページ参照）。一方、大腸菌などの細菌（原核生物）やウイルスは、1つの巨大なDNA（またはRNA）から構成されているので、そのDNA（またはRNA）をゲノムという。

　ゲノム解析の目的は、生物のもつ遺伝情報を収集、整理することで、その生物の生命現象をより総合的に理解することである。そのためには、まずゲノムの全塩基配列を決定しなければならない。

　1975〜1977年に**ジデオキシ法**（酵素法または**サンガー法**）や**マキサム・ギルバート法**（化学分解法）といった塩基配列を決定する方法が考案されると、まず、もっとも小さいウイルスゲノムの全塩基配列が決定され、その遺伝子構造が明らかにされたことで、ウイルスがいかに宿主に感染し、自己複製を行うかについて広く理解をもたらした（94と97ページ参照）。

　2003年にヒトゲノムの解読が完結するが、これを背景として膨大なDNA配列情報を取り扱う技術が進歩した。このような進歩は生物学に革新的な波及効果をもたらし、ヒトゲノム解読の後、単子葉植物であるイネ、双子葉植物であるシロイヌナズナ（植物分子生物学研究のモデル植物）やミヤコグサ（マメ科のモデル植物）をはじめ、多くの生物種（800種以上）のゲノムの全塩基配列が決定され、それにより遺伝子数が推定された。イ

ネのゲノムサイズ（390×10^6 塩基対）は、シロイヌナズナ（115×10^6 塩基対）の約3倍、ヒト（3289×10^6 塩基対）の約8分の1である。ミヤコグサのゲノムサイズは 472×10^6 塩基対である。イネの遺伝子数は約32,000、シロイヌナズナの遺伝子数は26,541で、ほとんどかわらない。イネのゲノムサイズは、遺伝学的によく研究されているイネ科作物（コムギ、トウモロコシなど）のなかでは最小である。また、イネ科作物のゲノム上での遺伝子の配置や構造は共通点が多いことが知られている。そのため、イネ科作物の遺伝子研究ではイネゲノム情報が広く用いられている。ゲノム解析（図4-1）は、cDNA解析とゲノムDNA解析に分けられるが、解析の手法や得られる情報の性質が異なるため、必要な情報の種類に応じて使い分けられている。

　細胞内でゲノムから翻訳された直鎖状のタンパク質は、単純な二次構造へと速やかに折たたまれて、これらがさらに高次構造へと組み立てられる。こうして完成したタンパク質は、組織の構成単位になったり、極めて特異的な化学的活性をもったりする。ある生物種の全タンパク質は**プロテオーム**とよばれ、生物の構造や生物学的挙動はこれによって説明される。プロテオームとは、タンパク質（protein）とゲノム（genome）を合成した造語である。プロテオームのほか、ゲノムからのすべての転写産物を**トランスクリプトーム**、すべての代謝産物をメタボロームという。ゲノムを研究する学問領域を**ゲノミクス**といい、すべてのタンパク質の種類、主鎖、側鎖や修飾など（基本的な化学構造）、一次構造～四次構造、活性などを明らかにする学問

領域を**プロテオミクス**という。これらのゲノム解読以降の研究を総称して**ポストゲノム研究**という。

4.1　cDNA ライブラリーの作製と cDNA の解析

　cDNA ライブラリーとは、特定の組織などで特定の時間に発現している mRNA を cDNA に逆転写したものを、バクテリオファージやプラスミドに組み込んだ集団をいう。cDNA には発現している遺伝子の情報が組み込まれているので、**cDNA 解析**は遺伝子部分の情報を効率よく取り出すためには優れている。イントロン、繰り返し配列、そして遺伝子間配列など、タンパク質に翻訳されない情報を多く含んだ複雑な真核生物のゲノム解析を行う場合には、まず cDNA ライブラリーを作製し、cDNA 解析から始める場合が多い。しかしながら、cDNA として単離できる遺伝子は、作製に使用した特定の組織や条件で発現している遺伝子に限られる。いろいろな組織を混合して cDNA ライブラリーを作製したとしても、cDNA として得られる遺伝子は全遺伝子の 50%〜60% 程度であると考えられている。cDNA 解析は、cDNA の解析する塩基配列の領域によって EST 解析と全長塩基配列解析に分けられる（図 4-1）。**EST 解析**（EST:expressed sequence tag の略）では、いろいろな器官に由来する cDNA ライブラリーについて、cDNA の 5' 末端から数百塩基対を大量に読み取ってアミノ酸配列に変換後、公開されているデータベースに対して類似性検索を行うことにより、各遺伝子がどのような機能をもつタンパク質をコードしているかを調べることができる。さらにその遺伝子の発現量（EST の数から推定）についての情報が得られる。cDNA 全長の塩基配列解析は、cDNA の EST 解析に続くステップで、クローンの全長の塩基配列を決定するので、転写領域の全構造が分かるため、得られる情報が多い。

第4章 ゲノム解析

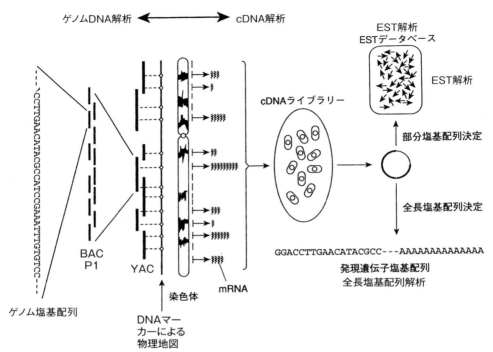

図4-1 ゲノム解析の方法（植物のゲノム研究のプロトコール　佐々木他監修，学研メディカル秀潤社 2001 を一部改変）

4.2　DNA配列にもとづくDNAマーカー

　かつては表現型を観察するという方法でしかゲノムをみることができなかった。今日では、表現型として観察できる遺伝子以外のDNA塩基配列がマーカーになる。DNAマーカーには、染色体DNAから分離されたDNA断片にみられる多型が用いられ、ハイブリダイゼーション法やPCR法によって物理的にDNAとの対応付けができるものが選ばれる。DNAマーカーは形質変異に関係する遺伝子の染色体上の位置を特定する連鎖解析などにも役立つ。また、品種間の遺伝的な類縁関係を調べることにも利用される。DNAマーカーは有用

遺伝子のゲノム上の存在位置の目印にもなるので、これを利用した育種が可能で、これを**DNAマーカー育種**という。DNAマーカー育種法はDNAマーカーを幼植物時に解析して選抜を行うことができるため、選抜の手間と時間を低減することができる。

DNAマーカーには**RFLP**（restriction fragment length polymorphism：**制限酵素断片長多型**）、**AFLP**（amplified fragment polymorphism）、**RAPD**（random amplified polymorphic DNA）、**CAPS**（cleaved amplified polymorphic sequence）、**SSCP**（single strand conformation polymorphism：**一本鎖立体構造多型**）、**SSLP**〔simple sequence length polymorphism，**マイクロサテライトマーカー**あるいは**SSR**（simple sequence repeat）ともいう〕、**SNP**（single nucleotide polymorphism：**一塩基多型**）などがある。PCR法によって多型を検出することができるCAPS、AFLP、RAPD、SSCP、SSLPは、ハイブリダイゼーション法で検出するRFLPよりも必要なDNA試料が少なくて済むことから、DNAマーカーとしてはこれらが用いられることが多い。

RFLP：制限酵素の切断部位の違いにより断片長に生じる差異（多型）を、断片に共通して結合するプローブ*によるサザンハイブリダイゼーション**で検出する。

AFLP：4塩基認識と6塩基認識の制限酵素の組み合わせによって得られた断片のPCR増幅により得られる多型。

RAPD：ランダムプライマー（任意配列プライマー）によりRCR増幅されるDNA断片中に検出される多型。

CAPS：PCR増幅断片を制限酵素で切断して得られる多型。主にRFLPマーカーをPCRマーカーに転換する際に利用する。RFLPマーカーの塩基配列からプライマーを設計し、ゲノムDNAを鋳型にして増幅し

＊核酸の相補的な塩基配列が互いに結合する性質（ハイブリダイゼーション）を利用して、アガロースゲル電気泳動によって展開されたDNA断片のなかから特定の断片を検出するために用いるDNA断片をいう。

＊＊DNAを制限酵素で切断し、アガロースゲル電気泳動法でサイズに従い分離する。ゲル内のDNA断片をそのままメンブレンフィルター上に転写し、標識したプローブとハイブリダイズさせて検出する方法。

た断片を制限酵素で切断して生じる多型。
SSCP：変性後の1本鎖DNAに生じる立体構造の差による多型。300 bp以下の短い断片中の差異を検出するのに適している。
SSLP：マイクロサテライトDNAは2ないし3個の塩基の組が15～40回程度反復している。この反復の回数の違いによる多型。系統や個体間で、繰り返しの回数の違いが高頻度に認められる。ゲノムライブラリーから、標的とする繰り返し配列DNAとハイブリッドするクローンを選抜し、陽性クローンの配列のなかから繰り返し部分に隣接する配列がPCRプライマーを用いて得られる。
SNP：1個の塩基置換により生じる多型マーカー。数百～千塩基に1個の割合で、比較的均一に分布している。

ゲノム解析ではゲノムクローンをゲノムの対応する位置に並べるための目安として、DNAマーカーが使用される。DNAマーカーは全ゲノムにまんべんなく分散していることが望ましい。実際にはゲノムサイズに応じて数百から数千のマーカーを作製し、染色体上にマップされる。

4.3　ゲノムライブラリーの作製

ゲノム構造解析用のライブラリーの作製には、大きな断片をクローン化できるYAC（yeast artificial chromosome、酵母人工染色体）ベクターと、塩基配列決定に直接用いるためのBAC（bacterial artificial chromosome、細菌人工染色体）ベクターあるいはP1ベクターが用いられる（図4-1）。ゲノム上には塩基配列の偏りがあるので、ゲノム全体をカバーするために異なる制限酵素（例えば*Eco*RIと*Hin*dIII）を使って複数のライブラリーが作製される。

a. **YACベクター**：1,000 kbp～数MbpまでのDNAをクローニングすることができる。このベクターは、pBR322（大腸菌のクローニングベクター）に酵母の複製起点（*ARS1*）とセントロメア（*CEN4*）、テトラヒメナのテロ

メア（*TEL*）を組み込み、酵母内で染色体として複製し、かつ安定に保持されるようにした大腸菌と酵母のシャトルベクターである。酵母での選択マーカーとしてトリプトファン遺伝子（*TRP1*）とウラシル遺伝子（*URA3*）が組み込まれており、それぞれトリプトファン栄養要求株やウラシル栄養要求株を宿主として、最少培地で培養すると、ベクターが導入された宿主のみが生育でき、導入されなかったものは生育できないため、ベクターの導入の有無の選別が可能となる。

b. **BAC ベクター**：大腸菌のF因子由来のベクターである。菌体当たり1コピーのため、100 kbp～300 kbp DNA を安定にクローニングすることができる。宿主は大腸菌である。

c. **P1 ベクター**：バクテリオファージP1をもとにつくられたベクターである。菌体当たり1コピーのため、70 kbp～100 kbp DNA を安定にクローニングすることができる。宿主は大腸菌である。

　ゲノムライブラリーができあがると、その次のステップでは、DNA マーカーの位置情報を利用して、ゲノムクローンを染色体に沿って整列化し、断片の順序を示す物理地図をつくっておく必要がある。そのために、フィンガープリント法と末端配列法が用いられる（図 4-2）。**フィンガープリント法**とは、全ゲノムを数回カバーする数のゲノムクローンの各々からDNAを抽出し、それらのDNA断片をいくつかの制限酵素で切断後電気泳動にかけ、生じた電気泳動パターンをもとにつなぎ合わせていく方法である。**末端配列法**とは、ゲノムライブラリーの全クローンの両末端の塩基配列を決定しておき、この配列情報を使って PCR プライマーを作製してライブラリーをスクリーニングし、徐々にコンティグを伸ばしていく方法である。**コンティグ**とはゲノムライブラリーのクローン化されたDNA断片を解析し、互いに重なる断片を同定し、つなぎ合わせることをいう。クローン化されたDNA断片が染色体上の順番になるようにクローンを並べたものを**コンティグ地図**という。このようなコンティグ地図ができあがると、染色体上の必要なDNA断片を容易に手に入れることができる。

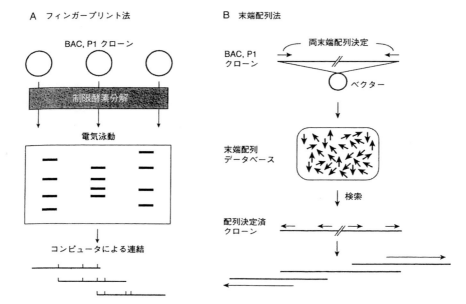

図4-2 物理地図の作成（植物のゲノム研究のプロトコール 佐々木他監修，学研メディカル秀潤社，2001）
A： フィンガープリント法による物理地図の作成。多数のBACクローンやP1クローンを制限酵素で切断し、電気泳動で分離する。生じたDNA断片パターンをコンピューターに取り込んで、断片の構成をもとに相対的な位置を決める。
B： 末端配列法による物理地図の作成。多数のBACクローンやP1クローンの両末端配列（300〜500 bp）を決定し、データベースを作成する。全長を決定したクローンの塩基配列と比較解析し、重なる末端配列の位置をもとに、隣接する新たなクローンの相対的な位置を決める。

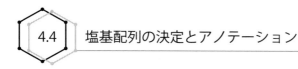

4.4 塩基配列の決定とアノテーション

　ゲノム塩基配列の決定法には**階層的ショットガン法**と**全ゲノムショットガン法**がある。
　階層的ショットガン法とは、最初に全ゲノムを断片化し、BACベクターにクローン化して、断片のアセンブルの順序を決めてから塩基配列を決定する方法である。**全ゲノムショットガン法**とはランダムに切断したDNAの断片の塩基配列を決定し、得られた塩基配列データを高性能のコンピューターを用いて

つないでいく方法である。この方法では、物理地図の作成やクローン単位での配列解析は行わない。細菌のゲノム解析では一般的に使われている方法であり、キイロショウジョウバエのゲノム配列も主にこの方法で決定された。決定された塩基配列の羅列のなかから遺伝情報（遺伝子領域の同定と構造の推定（イントロンとエキソンの境界、遺伝子の両端、遺伝子の機能の推定と分類））を得るため、コンピューターによる予測と既存の遺伝子との類似性検索が行われる。これを**アノテーション**という。

4.5 遺伝子の並び方を決めるのに用いられるクロモソームウオーキング（染色体歩行）

　染色体上に多くの遺伝子が相互にどのように並んでいるかを知るためには、クローニングしたDNAの塩基配列を決め、それを次々につなぎ合わせていく必要がある。実際には次のような方法で行われる。
　まず既知の遺伝子を含むと思われるクローンDNAや、（遺伝地図などで）近傍にあるクローンDNAから出発して、これと一部がオーバーラップするDNA断片をゲノムライブラリーから選抜する。このような方法を何度も繰り返せば、染色体上のすべての遺伝子をつなぎ合わせることが可能であり、この方法を**クロモソームウオーキング（染色体歩行）**という。もっとも遠くまで伸びたクローンの末端配列に基づいて、ゲノムライブラリーをPCRまたはハイブリダイゼーション法でスクリーニングする。ライブラリーとしては、歩数を減らすためになるべく長いDNA断片を含むようBACベクター、P1ベクターあるいはコスミドなどが用いられる。

4.6 遺伝子の単離法

　遺伝子の単離には、ポジショナルクローニング（マップベースクローニン

グ）とタギング法（遺伝子破壊法）が用いられている。

A. ポジショナルクローニング

　ポジショナルクローニングは、タンパク質の情報なしに、目的とする表現型を支配する遺伝子を単離する方法である。表現型を示す系統と示さない系統を交配して、得られた次世代の多数の個体について表現型とDNAマーカーの相関を調べる。これにより、表現型を支配する遺伝子に物理的に近いDNAマーカーを決定する。目的の表現型を支配する遺伝子に近接するDNAマーカーを起点として、クロモソームウオーキングによってその遺伝子を単離する。ポジショナルクローニングにより目的の遺伝子を単離するためには、精度の高い遺伝地図と効果的な絞り込みのためのDNAマーカーが必要とされる。

B. タギング法

（1）T-DNAタギング法

　T-DNAタギング法とは、アグロバクテリウムを介して染色体上にほぼランダムに挿入されるT-DNA（148ページ参照）をタグ（指標）として利用するものである。T-DNAの挿入によって生じた突然変異型遺伝子を、T-DNAをプローブとしてクローン化し、T-DNAが挿入されて生じた変異の形質の原因遺伝子を単離することができる。この方法をT-DNAタギング法といい、遺伝子が先に単離されていて変異形質を知りたい場合にも応用できる。T-DNA末端には境界配列が存在している（149ページ参照）。そこでこれに対するプライマーと、目的の遺伝子のプライマーとで、T-DNA挿入をもつ染色体DNAに対してPCRでDNAの増幅を行う。目的の遺伝子にT-DNAが挿入されていればDNAが増幅されるので、T-DNAの挿入変異をもつ植物を選抜することができる。確率的に効率よく挿入変異体を選抜するには、数多くのT-DNA挿入の系統をもっているということが必要である。遺伝子に印をつけるような挿入変異体のコレクションから、対象となる遺伝子をもつものをPCR法などによって選抜する方法がある。

（2） トランスポゾンタギング法

トランスポゾンタギング法とは、トランスポゾン（82 ページ参照）の挿入によって生じた突然変異型遺伝子を、そのトランスポゾンをプローブとしてクローン化し、トランスポゾンが挿入された変異の形質から原因遺伝子を単離する方法をいう。T-DNA タギング法では、数多くの独立した形質転換植物を得る必要があるのに対して、トランスポゾンタギング法では、世代を重ねるうちにトランスポゾンが転移して新たな遺伝子をタギングすることが期待できる。トウモロコシでは、10 種類以上の転移活性を有する内在性のトランスポゾンが同定されている。これらはほとんどが DNA 型トランスポゾン（83 ページ参照）で、*Ac/Ds*、*Mutator*、*Spm/dSpm* がタギング法に用いられている。これらのトランスポゾンに対応する配列はイネゲノム上に存在するが、転移活性は失っているように思われる。シロイヌナズナの場合、トランスポゾンタギング法でもっとも利用されているものは、トウモロコシの *Ac/Ds* の系を人為的に導入したものである。

これまで 40 種類以上のレトロトランスポゾン（85 ページ参照）がイネから単離されている。そのうち 5 種類が培養によって活性化され、もっとも活性の高い *Tos17* が遺伝子破壊に利用されている。

T-DNA やトランスポゾンに人為的にいろいろなマーカーやレポーターを組み込んだ DNA 断片を、ゲノムに無作為に挿入することによって作製した変異体を**タグライン**という。導入の方法により、**T-DNA タグライン**と**トランスポゾンタグライン**がある。

目標の表現型を示すラインから、既知配列をタグ（指標）として隣接配列を単離、分析することで、原因遺伝子を同定することができる。

エンハンサーやプロモーターを欠くレポーター遺伝子（161 ページ参照）を、トランスポゾンや T-DNA などに組み込む。このベクターが遺伝子内へ挿入されるとその遺伝子が破壊され、代わりにレポーター遺伝子が発現するようになる。こうして未知の遺伝子の機能とともに、その遺伝子の発現パターンを知ることができる。この方法を**ジーントラップ**（**遺伝子トラップ**）という。

第4章　ゲノム解析

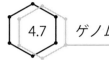
4.7　ゲノム編集

A. ゲノム編集法

　生物の遺伝子を操作する方法としては、遺伝子組換え技術が広く使用されているが、遺伝子組換え技術では、ゲノム上の狙い通りの場所の遺伝子を破壊したり（遺伝子ノックアウト）、あるいは狙い通りの場所に遺伝子を導入したり（遺伝子ノックイン）することは難しい。しかしながら、ゲノム編集技術を用いれば、さまざまな生物種においてピンポイントで標的遺伝子の情報を自在に改変することが可能である。**ゲノム編集**とは、人工ヌクレアーゼであるジンクフィンガーヌクレアーゼ（zinc finger nuclease, ZFN）や TAL エフェクターヌクレアーゼ（transcription activator-like effector nuclease, TALEN）、および RNA 誘導型ヌクレアーゼである CRISPR/Cas9 を用いてゲノム上の標的遺伝子の破壊や遺伝子のノックインなどを可能にする技術である。

（1）ZFN（ジンクフィンガーヌクレアーゼ）

　ジンクフィンガーヌクレアーゼ（zinc finger nuclease, ZFN）は、任意の配列を認識・切断できる人工の制限酵素（人工ヌクレアーゼ）である。ZFN は N 末端側に DNA に結合する配列を任意に規定できる複数の**ジンクフィンガー（ZF）*モジュール****を、そして C 末端側に制限酵素 FokI のヌクレアーゼドメイン***を結合させたキメラタンパク質である（図 4-3A）。FokI は 2 量体を形成して DNA を切断するので、ZFN によって DNA を切断する場合にも、FokI の 2 量体を形成する必要がある。ZF は 1 モジュールで 3 塩基を認識するが、複数の ZF を連結すると、互いの塩基認識への干渉が起こり、認識の

　　＊タンパク質の DNA 結合領域がとる立体構造。2 個のシステイン（Cys）や 2 個のヒスチジン（His）が Zn 原子をキレートとして生じるループにより DNA と結合する。
　＊＊2 つ以上のタンパク質中にみられる保存されたアミノ酸パターン領域のこと。
＊＊＊分子の構造上あるいは機能上の 1 つのまとまりをもつ領域のこと。

202

特異性が変化してしまう欠点がある。ZFN はゲノム編集法として最初に開発されたものであるが、現在では ZF の認識の特異性が低い理由で広く使用されるには至っていない。

(2) TAL エフェクターヌクレアーゼ

TAL エフェクターヌクレアーゼ (transcription activator-like effector nuclease, **TALEN**) の構造は、基本的には ZFN に似ており、制限酵素 FokI に、任意の配列を認識する DNA 結合ドメインを結合させたキメラタンパク質である (図 4-3B)。この DNA 結合ドメインには、植物のキサントモナス属病原細菌の **TAL エフェクター** (**TALE**) タンパク質が利用されている。キサントモナス属病原細菌は、この TALE を植物ゲノム上の結合配列に結合させ、転写因子様のエフェクターとして機能させる。TALE の DNA 結合ドメインは、ZF とは異なり、1 モジュールが 1 塩基を認識し、タンデムに連結しても互いの塩基認識に干渉することがなく、特異性が高い。

(3) CRISPR/Cas9

CRISPR/Cas9 は、細菌がもっている獲得免疫 (外来 DNA の排除機構) である CRISPR/Cas9 の一部をゲノム編集に応用したものである。ファージが細菌に感染すると、細菌はファージ DNA を断片化し、CRISPR 領域とよばれる内在のゲノム領域に取り込む。その後、取り込んだ DNA 配列を鋳型として短鎖 RNA (CRISPR RNA, **crRNA**) を合成する。さらに、crRNA と別の短鎖 RNA である **tracrRNA** (トランス活性型 CRISPR RNA, transactivating CRISPR RNA, trans-crRNA) およびヌクレアーゼである **Cas9** の複合体が、再び感染したファージ DNA の標的配列を切断する。ゲノム編集では、crRNA と tracrRNA を 1 分子の**ガイド RNA** (guide RNA, gRNA) として作製し、ガイド RNA と Cas9 の 2 種類の発現あるいは導入によって内在遺伝子を破壊する (図 4-3C)。

B. ゲノム編集を用いた標的遺伝子改変

ゲノム編集法を用いれば、思い通りに目的の遺伝子を改変することができ

第4章 ゲノム解析

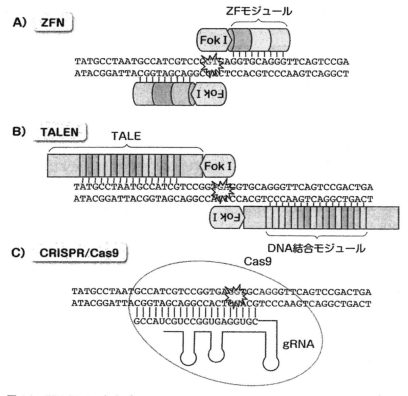

図4-3 ZFN, TALEN および CRISPER/Cas9 の概要 (今すぐ始めるゲノム編集 山本編, 洋土社, 2014 (作図：佐久間哲史))
ZFN と TALEN は人工ヌクレアーゼで, 制限酵素 FokI のヌクレアーゼドメインを含むキメラタンパク質である. CRISPER/Cas9 はガイド RNA (gRNA) によって誘導される RNA 誘導型ヌクレアーゼである. ZF は 1 モジュールで 3 塩基を認識し, TALE は 1 モジュールで 1 塩基を認識する. ZFN と TALEN ではスペーサー配列の中央付近に, CRISPER/Cas9 では PAM 配列 (Cas9 による標的 DNA 領域の認識に必要となる数塩基程度の配列) の 3 塩基上流に, それぞれ 2 本鎖切断部位 (DBS) が導入される. PAM 配列を太字で示す.

る. まず部位特異的ヌクレアーゼ (ZFN, TALEN, CRISPER/Cas9) によって, 標的遺伝子中の特定の領域を切断する. この 2 本鎖切断部位 (DBS, double-strand break) は, 細胞内での修復機構によって直ちに修復されるが, この修復機構を利用することで, さまざまな標的遺伝子の改変を行うことができる. 修復機構には**非相同末端連結** (NHEJ: non-homologous end-joining) と**相同**

組換え（HR：homologous recombination）の2種類がある。非相同末端連結は、切断末端同士をリガーゼによって連結するためにエラーが入りやすいという特徴があり、数塩基から数十塩基程度の欠失や挿入を生じる。これを利用して、標的遺伝子にフレームシフト変異を引き起こすことができる（図4-4）。また、相同組換え修復を利用すれば、外来遺伝子と2本鎖切断部位の周辺の配列を有するドナーベクターを共導入することによって、切断部分に外来遺伝子を挿入することができる（図4-4）。

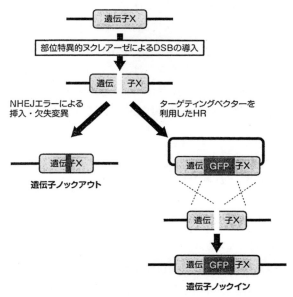

図4-4　ゲノム編集の概略　（今すぐ始めるゲノム編集　山本編，洋土社，2014（作図：佐久間哲史））

4.8　遺伝子発現解析のためのマイクロアレイ法

細胞の全転写産物は**トランスクリプトーム**とよばれる。ゲノム構造がある程度でも明らかになった生物種では、トランスクリプトーム解析に**マイクロアレイ法**が用いられる。マイクロアレイ法は、顕微鏡のスライドグラス状のガラス

板に数多くの遺伝子DNA（プローブ）を固定し、組織や細胞から抽出したRNA（ターゲット）から逆転写によりcDNAコピーをつくって標識する。そしてガラス板に固定された遺伝子DNAとハイブリダイズ（DNA雑種分子形成）させ、シグナルの強度から固定された数千の遺伝子の発現量を一度に観察することができる方法である。ガラス板に固定するDNAを**プローブ**、標識してハイブリダイズさせるRNAを**ターゲット**という。マイクロアレイ法は、プローブDNAの種類によって2つの方法に分けられる。1つはガラス板上に固定したい遺伝子の塩基配列からオリゴDNAを合成し、それら（合成オリゴDNA）をプローブとして用いる方法であり、もう1つはcDNAライブラリーからのcDNAクローンをプローブとする**cDNAマイクロアレイ法**である。マイクロアレイ法がなによりも特徴的なのは、それがゲノム構造解析の産物である大量の遺伝子構造データ、cDNAクローンの情報を利用した網羅的遺伝子発現解析技術であるという点である。

4.9　プロテオーム解析

　ある生物種の全タンパク質は**プロテオーム**とよばれ、生物の構造や生物学的挙動はこれによって説明される。プロテオーム解析には**二次元電気泳動**と**質量分析**を組み合わせた方法が有効である。植物の各生育時期あるいは各組織からタンパク質を抽出して二次元電気泳動を行い、そのパターンを画像解析する。そして、個々のタンパク質については分子量・等電点、翻訳後修飾情報、アミノ酸配列情報および相同性検索の結果を分析する。アミノ酸配列解析においては個々のタンパク質の部分アミノ酸配列を決定したあと、ESTやゲノムのデータベースから簡単に遺伝子に到達することができる。

　得られた情報をもとに遺伝子単離および機能解析ができる。ゲノムDNAの塩基配列の相同性検索により、またはタンパク質情報からプライマーを設計し、PCRのあと、プローブを標識してcDNAライブラリーから遺伝子を単離することができる。

4.10 バイオインフォマティックス

　ゲノミクス、発現パターン解析およびプロテオミクス研究から大量の生物情報が得られている。これらの膨大な生物情報をデータベースに蓄積して、どこからでもインターネットを通じて取得・利用することができる（表4-1）。また逆に生物情報を登録することもできる（表4-1）。これらのデータベースを利用して有益な情報を導く研究分野を**バイオインフォマティックス**という。

表4-1　植物の遺伝子およびゲノム情報データベース

サイト名称	URLアドレス	提供内容
ASRP Database	http://asrp.cgrb.oregonstate.edu/db/	シロイヌナズナのsmall RNAのデータベース
Cereal small RNAs Database	http://sundarlab.ucdavis.edu/smrnas/	イネ、トウモロコシのsmall RNAのデータベース
DDBJ	http://www.ddbj.nig.ac.jp/Welcome-j.html	総合的な遺伝子登録、検索、解析サイト
EMBL	http://www.embl-heidelberg.de/	総合的な遺伝子登録、検索、解析サイト
Genescan	http://mobyle.pasteur.fr/cgi-bin/portal.py?form=genscan	オープンリーディングフレーム（ORF）予測
Genomic tRNA Database	http://lowelab.ucsc.edu/GtRNAdb/	tRNAのデータベース
mfold	http://mobyle.pasteur.fr/cgi-bin/portal.py?form=mfold	RNAの二次構造検索ツールサイト
miRBase	http://www.mirbase.org/	miRNAの登録・検索データベース
NCBI（Gen Bank）	http://www.ncbi.nlm.nih.gov/	総合的な遺伝子登録、検索、解析サイト
NetGene2	http://www.cbs.dtu.dk/services/NetGene2/	ゲノム情報からスプライシング部位の予測を行うサイト
PlantPromoterDB	http://ppdb.gene.nagoya-u.ac.jp/cgi-bin/index.cgi	シロイヌナズナ・イネの遺伝子におけるシス配列の検索サイト
RAP-DB	http://rapdb.dna.affrc.go.jp/	イネ遺伝子名から塩基配列、アミノ酸配列、アノテーション等の検索
SALAD Database	http://salad.dna.affrc.go.jp/salad/	植物のタンパク質の比較解析サイト
TAIR	http://www.arabidopsis.org/index.jsp	シロイヌナズナ遺伝子、変異体関連サイト
The European Ribosomal RNA database	http://bioinformatics.psb.ugent.be/webtools/rRNA/	rRNAのデータベース
TIGR	http://rice.plantbiology.msu.edu/index.shtml	イネの総合データベース

第4章　ゲノム解析

バイオインフォマティックスの研究分野の例；
① 配列を比較することにより進化的関係が明らかになる。
② 類似した配列のデータベース検索により遺伝子機能を予測することができる。
③ 新しい配列を既存の配列データベース中の配列と比較することができる（類似性検索）。
④ cDNA配列からタンパク質配列を予測することができる。
⑤ RNAの二次構造を予測することができる。
⑥ タンパク質の高次構造を予測することができる。

など、多岐にわたっている。

――――――――――――― まとめ ―――――――――――――

1）**ゲノム解析の目的**は、生物のもつ遺伝情報を収集、整理し、それによりその生物の生命現象をより総合的に理解することである。
2）ある生物種の全タンパク質はプロテオームとよばれ、生物の構造や生物学的挙動はこれによって説明される。ゲノムからのすべての転写産物をトランスクリプトームという。ゲノムを研究する学問領域をゲノミクスといい、すべてのタンパク質の種類、修飾、活性を明らかにする学問領域をプロテオミクスという。ゲノム解読以降のこれらの研究を総称してポストゲノム研究という。
3）**真核生物のゲノム解析**を行う場合には、まずcDNAライブラリーを作製し、cDNA解析から始める場合が多い。しかしながら、いろいろな組織を混合してcDNAライブラリーを作製したとしても、cDNAとして得られる遺伝子は全遺伝子の50%～60%程度である。
4）**cDNA解析**は、cDNAの解析する塩基配列の領域によってEST解析と全長塩基配列解析に分けられる。
　　EST解析とは、いろいろな器官由来のcDNAライブラリーについて、cDNAの5'末端から数百塩基対を大量に読み取ってアミノ酸配列に変換後、公開されているデータベースに対して類似性検索を行うことによ

り、各遺伝子がどのような機能をもつタンパク質をコードしているかを調べることをいう。cDNA の EST 解析の次のステップでは、クローンの全長の塩基配列を決定する。転写領域の全構造がわかるため得られる情報が多い。

5) **DNA マーカー**には RFLP（制限酵素断片長多型）、AFLP、RAPD、CAPS（一本鎖立体構造多型）、SSCP（一本鎖立体構造多型）、SSLP（マイクロサテライトマーカー ; SSR）および SNP（一塩基多型）などがある。

6) **ゲノムライブラリーの作製**には、大きな断片をクローン化できる YAC（酵母人工染色体）ベクターと、塩基配列決定に直接用いるための BAC（細菌人工染色体）ベクターあるいは P1 ベクターが用いられる。ゲノム上には塩基配列の偏りがあるので、ゲノム全体をカバーするために異なる制限酵素を使って複数のライブラリーが作製される。

7) **アノテーション**とは、決定された塩基配列の羅列のなかからいろいろな遺伝情報を得るため、コンピューターによる予測と既存の遺伝子との類似性検索を行うことをいう。

8) **クロモソームウオーキング（染色体歩行）**とは、既知の遺伝子を含むと思われるクローン DNA や、（遺伝地図などで）近傍にあるクローン DNA から出発して、これと一部がオーバーラップする DNA 断片をゲノムライブラリーから選抜することをいう。

9) **遺伝子の単離**には、① ポジショナルクローニングと、② タギング法（遺伝子破壊法）が用いられる。

　　① ポジショナルクローニングは、タンパク質の情報なしに、目的とする表現型を支配する遺伝子を単離する方法である。

　　② タギング法とは、T-DNA あるいはトランスポゾンの挿入によって生じた突然変異型遺伝子を、T-DNA あるいはトランスポゾンをプローブとしてクローン化し、T-DNA あるいはトランスポゾンが挿入されて生じた変異の形質の原因遺伝子を単離する方法をいう。

10) **ゲノム編集**とは、人工ヌクレアーゼであるジンクフィンガーヌクレアーゼ（ZFN）や TAL エフェクターヌクレアーゼ（TALEN）、および RNA 誘導型ヌクレアーゼである CRISPR/Cas9 を用いてゲノム上の標的遺伝子の

破壊や遺伝子のノックインなどを行うことをいう。
11) **マイクロアレイ法**はトランスクリプトーム解析に用いられる。
12) **プロテオーム解析**には二次元電気泳動と質量分析を組み合わせた方法がよく用いられる。
13) **バイオインフォマティックス**とは生物情報に関する膨大なデータベースを利用して有益な情報を導く研究分野をいう。

［参考文献］

1) 佐々木卓治他（監修）「植物のゲノム研究プロトコール」学研メディカル秀潤社、2001
2) Lesk,A.M.、坊農秀雅（監訳）「ゲノミクス」、メディカル・サイエンス・インターナショナル、2009
3) 池上正人編著、「バイオテクノロジー概論」、朝倉書店、2012
4) 山本卓（編）、「今すぐ始めるゲノム編集」、羊土社、2014
5) 齋藤忠夫（編）、「農学・生命科学のための学術情報リテラシー」、朝倉書店、2011

■索引■

英文

A
ACC　73、175
ACC 合成酵素　73、175
ACC 酸化酵素　73、175
ACC デアミナーゼ　175
AFLP　195
Agrobacterium rhizogenes　150
ATP　21

B
BA　64
Bacillus thuringiensis　168
BAC ベクター　197
BS　80
Bt トキシン　168
Bt トキシン遺伝子導入ジャガイモ　169

C
C_3 植物　27
C_4 ジカルボン酸　28
C_4 ジカルボン酸回路　28
C_4 植物　27
CAM 植物　29
CAPS　195
Cas9　203
CAT　162
CAT アッセイ　162
cDNA 解析　193
cDNA マイクロアレイ法　206
CO_2 の固定　25
CO_2 飽和点　31
Cre-*loxP* システム　156
CRISPR/Cas9　203
crRNA　203

D
D- アミノ酸オキシゲナーゼ（DAAO）遺伝子　153
D- アラビトール 4- デハイドロゲナーゼ遺伝子　153
dam 遺伝子　174
dam メチラーゼ　174
DIBA　104
dot ELISA　104
dot immunobinding assay　104
DNA 型トランスポゾン　83
DNA フィンガープリント法　186

DNA マーカー育種　195
DNA メチラーゼ　173

E
ELISA　102、104
enzyme-linked immunosorbent assay　101
EPSPS　170
EST 解析　193

F
F_1 種子　52
$FADH_2$　35
FISH　154

G
GA　68
GUS　161
GFP　162
GUS アッセイ　161

I
IAA　62、119、124
IBA　62
in situ ハイブリダイゼーション法　154
ISH　154

L
LINE　86
LUC　162
LTR レトロトランスポゾン　85

M
MAT ベクターシステム　156
miRNA　166
MS 培地　122

N
NAA　62、124
NADH　35

P
P1 ベクター　197
PCR　105
PCR 法　154、185
PEG 法　128、130、161
PTGS　100、163

R
RAPD　185、195
RFLP　184、195
Rhizobium rhizogenes　150
Ri プラスミド　151
RNAi　163

211

索引

RNA 依存 RNA ポリメラーゼ　164
RNA エディティング　13、17
RNA 干渉　163
RNA サイレンシング　163
RNA 編集　13、17
RNA 誘導サイレンシング複合体　165
RT-PCR　105
Rubisco　26

S
S-RNase　50
SINE　86
siRNA　165
SLG　50
SNP　195
SRK　50
SSCP　195
SSLP　195
SSR　195
S 糖タンパク質　50
S 複対立遺伝子　48
S レセプターキナーゼ　50

T
T-DNA　148
T-DNA タグライン　201
T-DNA タギング法　200
TALE　203
TALEN　203
TAL エフェクター　203
TAL エフェクターヌクレアーゼ　203
TCA 回路　35
Ti プラスミド　148
tracrRNA　203

V
vir 領域　148
vsiRNA　165

Y
YAC ベクター　196

Z
ZF　202
ZFN　202

和文

ア行
あ
相同組換え　204
青いバラ　179
青色のカーネーション　178
アグロピン　149
亜硝酸菌　37
アセチル CoA　35
アセトシリンゴン　148
アデノシン三リン酸　21
アノテーション　199
アベナ（屈曲）テスト　61
アミノシクロプロパンカルボン酸オキシダーゼ　175
アミノ基転移酵素　38
アミノ基転移反応　38
アミロプラスト　11
アミロペクチン含量が高いジャガイモ　178
アリューロン層　71
亜リン酸酸化還元酵素遺伝子　154
アルギン酸カルシウム　143
α-アミラーゼ　71
アンチセンス RNA　167、175
アンチセンス法　175、176、178
暗発芽種子　56

い
1-アミノシクロプロパン-カルボン酸　73、174
1-アミノシクロプロパン-カルボン酸合成酵素　73
異化　20
異数体　11
異数性　11
維管束系　3
異形花型自家不和合性　48
移行タンパク質　97
移行タンパク質遺伝子　97
維持系統　53
異質倍数体　11
頂芽優勢　63
一塩基多型　195
一代雑種種子　52
一代雑種育種法　52
一過的遺伝子発現　161
一般圃場　181
一本鎖立体構造多型　195
遺伝子組換えカーネーション　183
遺伝子組換え植物　147
遺伝子組換えバラ　183
遺伝子銃　159
遺伝子トラップ　201
遺伝子ファミリー　9
遺伝的雄性不稔性　53
イネばか苗病菌　68

索引

イミダゾリノン系除草剤耐性作物　172
陰生植物　33
インドール酢酸　62、124
インドール酪酸　62
イントロン　9

う
ウイルス検定　137
ウイルスフリー植物　135
ウエスタンブロット法　105、154

え
栄養器官　4
腋芽誘導法　134
エキソン　9
エチレン　174
エチレン合成酵素　175
エネルギー代謝　21
重複受精　45
F_1品種　52
エライザ　102、104
エレクトロポレーション法　128、160

お
オーキシン合成を支配する遺伝子　148
オキサロ酢酸　35
オクトピン　149
オパイン　148、149
オレイン酸含量の高いダイズ　176

カ行

か
階層的ショットガン法　198
ガイドRNA　203
解糖系　34
カイネチン　64
核局在化シグナル　6
核孔　6
核小体　6
核体　133
核膜孔　6
隔離圃場　181
硬実　55
活性クロマチン　8
滑面小胞体　19
可動DNA　83
可動遺伝因子　82
カナマイシン　152
カナマイシン耐性遺伝子　151

果皮　54
カプシド　89
花粉管核　44
花粉管細胞　44
花粉培養　139
花粉母細胞　42、43、46
カボチャモザイクウイルス　170
仮道管　3
カリフラワーモザイクウイルス　154、169
カルタヘナ議定書　180
カルタヘナ法　181
カルベニシリン　154
カンキツトリステザウイルス　98
看護培養　126
干渉　98
干渉効果　98、169
間接的胚形成　125
乾燥耐性トウモロコシ　178
寒天ゲル内拡散法　104、105

き
キアズマ　43
球状胚　125
キュウリモザイクウイルス　100
局部病斑法　100
魚雷型胚　125

く
クエン酸　35
クエン酸回路　35
茎頂　120、135
茎頂分裂組織　135
クラウンゴール　148
グラナ　12
クラフォラン　154
グリオキシソーム　18
クリステ　15
グリセルアルデヒドリン酸　25
グリフォセート　170
グリホサート　170
グリホサート耐性ダイズ　171
グリホサート耐性ナタネ　171
グリホサート耐性ワタ　171
グルタミン　37
グルタミン合成酵素　171
グルタミン酸　37
グルホシネート　171
グルホシネート耐性作物　171
クレブス回路　35

213

索引

クロスプロテクション 98、169
クロマチン 6
クロモソームウオーキング 199
クロラムフェニコールアセチルトランスフェラーゼ 162
クロロフィル 22

【け】

形成層 2
系統 184
蛍光 *in situ* ハイブリダイゼーション法 154
形質転換植物 147
毛状根 150
ゲノミクス 192
ゲノム 8
ゲノム編集 202
ゲノムライブラリー 196
限界暗期 57
原形質連絡 97
減数分裂 42
検定植物 100
限定要因 32

【こ】

5-エノールピルビルシキミ酸-3-リン酸合成酵素 170
コアヒストン 6
高エネルギーリン酸結合 21
後期 41
光合成色素 22
合成オーキシン 62
酵素結合抗体法 101、104、137
高電圧パルス 160
極核 44
極帽 41
コサプレッション 163
根頭がん腫病 148
コンティグ 197
コンティグ地図 197
コンディショニング法 126
根粒菌 39

サ行

【さ】

35S プロモーター 154、169
サイトカイニン 64
サイトカイニン合成を支配する遺伝子 148
催花 56
サイトゾル 34
再分化 122

細胞板 42
細胞間移行 98
細胞質雄性不稔 53
細胞質雑種 132
細胞質ゾル 5
細胞質体 133
細胞質基質 5、15、34
細胞周期 41
細胞融合 127、130
サザンブロットハイブリダイゼーション法 154
雑種強勢 52、172
サブゲノミック RNA 91
サブユニットタンパク質 89
サプレッサー 163、165
酸化的リン酸化 35
三粒子分節ゲノム 90

【し】

ジーントラップ 201
師管 3
色素体 11
シグナルペプチド 14、17、27
試験管内受精 140
雌ずい 42
実質的同等性 176
質量分析 206
指標植物 103
ジベレリン 68
脂肪種子 55
子房培養 140
弱毒ウイルス 98、169
自家不和合性 47
珠皮 54
種 184
終期 41
重複性転移 83
種皮 54
受精卵 46、47
種苗法 184
順化 142
馴化 143
硝化細菌 37
硝化作用 37
硝酸菌 37
植物化学調節剤 60
植物成長調節物質 60
植物成長物質 60
植物生理活性物質 60

索引

除草剤耐性 182
ジンクフィンガー 202
仁 6
ジンクフィンガーヌクレアーゼ 202
シングルローカスプローブ 186
人工種子 143
心臓型胚 125
す
スイカ緑斑モザイクウイルス 98
スーパーファミリー 9
助細胞 44
スタック品種 182
ズッキーニ黄斑モザイクウイルス 100
ステアリドン酸(SDA)を含有するダイズ 176
ストレスホルモン 78
ストロマ 12
スルホニル尿素系除草剤 172
せ
ゼアチン 64
制限酵素断片長多型 184、195
精細胞 44、45、46
精子 46
生殖器官 4
成長点培養 135
生物農薬 168
前期 41
全ゲノムショットガン法 198
染色体の乗換え 43
染色体歩行 199
染色分体 42
センスRNA 167
千宝菜 141
選択マーカー遺伝子 151、152
そ
造卵器 47
ソマクローナル変異 129、142
ソマクローン変異 129、140、141
粗面小胞体 19

タ行
た
ターゲット 206
第1種使用 181、182
第2種使用 181、182
ダイサー 165
ダイサーホモログ 165
体細胞 40

体細胞クローン 141
体細胞雑種 127
体細胞分裂 41
体細胞変異 129、142
対称融合 132
ダイズ 171
ダイズモザイクウイルス 100
耐熱性α-アミラーゼ含有トウモロコシ 177
大量増殖 133
ダイレクトネガティブ染色法 104
多芽体誘導法 134
タグライン 201
脱水素酵素 34
脱水素反応 34
脱外被 97
脱空素 40
脱分化 121
単為結実 69
単細胞培養 126
タンパク質リン酸化カスケード 82
単粒子分節ゲノム 90
ち
窒素固定細菌 39
窒素同化作用 37
中央細胞 44
中期 41
長距離移行 98
長日植物 56
直接遺伝子導入法 159
貯蔵デンプン 30
チラコイド 12
て
低温ショックタンパク質 177
低温要求種子 70
δ-内毒素 168
δ-エンドトキシン 168
デルフィニジン 178
テロメア配列 9
テロメラーゼ 9
転移可能因子 82
転移酵素 83
電気パルス法 131
電子伝達系 35
転写後型ジーンサイレンシング 100、163、170
天然オーキシン 62
デヒドロゲナーゼ 34
デンプン種子 54

215

索引

転流 30

と
同化 20
同化色素 22
同形花型自家不和合性 48
同化デンプン 30
同質倍数体 10
糖葉 30
特定網室 181
トランジェントアッセイ 161
トランスアミラーゼ 38
トランスクリプトーム 192、205
トランスジェニック植物 147
トランスポザーゼ 83
トランスポゼース 83
トランスポゾンタギング法 201
トランスポゾンタグライン 201

ナ行

な
直接的胚形成 126
中性植物 56
ナフタレン酢酸 62、124
苗条 122
苗条原基誘導法 134

に
2-デオキシグルコース 6-ホスフェイトホスファターゼ遺伝子 153
2,4-D 62、172
2,4-ジクロロフェノキシ酢酸 62、172
2,4-D 耐性トウモロコシ 172
二価染色体 43
ニコチン酸 123
二次元電気泳動 206
偽受精胚珠培養 139
日照時間 56
ニトロゲナーゼ 39
二粒子分節ゲノム 90

ぬ
ヌクレオソーム 6

ね
ネオマイシン 152
ネオマイシンホスホトランスフェラーゼ遺伝子 152

の
ノーザンブロットハイブリダイゼーション法 154
ノバリン 149

ハ行

は
パーティクルガン 159
パーティクルボンバードメント法 159
胚 47、54
バイオインフォマティックス 207
配偶体型自家不和合性 48、49
ハイグロマイシン 152
ハイグロマイシンホスホトランスフェラーゼ遺伝子 152
胚様体 122
胚珠 46
胚珠培養 140
倍数性 10
倍数体 10
バイナリーベクター 151
胚乳 47、54
胚乳核 46、54
胚のう 44、47
胚のう細胞 46
胚のう母細胞 42、44、46
胚培養 140
胚発生 125
ハイブリッドコーン 172
ハイブリッド種子 172
ハイブリッドライス 173
バクテロイド 39
白色体 11
花成ホルモン 56
花成 56
花被 42
花芽形成 56
花芽分化 56
パパイア輪点ウイルス 170
葉原基 135
原色素体 11
春化処理 57
反足細胞 44
半数体育種法 140
半葉法 100

ひ
非LTRレトロトランスポゾン 86
非相同末端連結 204
光形態形成 57
光周性 56
光中断 57
光発芽種子 55、57、70

光レセプター　58
被子植物　1
ヒストンオクトマー　6
非対称融合　132
日長　56
日長効果　56
非特殊化ミクロボディ　18
人工接種　97
標的重複　83
表皮系　3
ピルビン酸　34
品種　184

ふ
フィーダーレーヤー法　126
フィトクロム　58
フィンガープリント法　197
不和合性　47
物質代謝　20
不定根　120、122
不定根分化　122
不定胚　121、122、134
不定胚分化　122
不定芽　120、122、134
不定芽分化　122
フラクションIタンパク質　26
ブラシノステロイド　80
ブラシノライド　80
フラボノイド3′,5′-水酸化酵素　178
フルクトース二リン酸　25、34
プレーティング効率　129
フレーバーセーバー　167、175
プローブ　206
プロテオーム　192、206
プロテオミクス　193
プロトコーム様体　134
プロトコーム状球体　134
プロトプラスト　160
ブロモキシニル　171
ブロモキシニル耐性ナタネ　171
ブロモキシニル耐性ワタ　171
フロリゲン　56
分化　122
分化全能性　121
分子育種　147
分節ゲノム　90
分裂間期　41

へ
閉鎖系温室　181
β-グルクロニダーゼ　161
ヘテロクロマチン　7
ヘテロシス　52、172
ヘルパーTiプラスミド　151
ベンケイソウ型有機酸代謝　29
ベンジルアデニン　64

ほ
芳香族アミノ酸　170
胞子体型　48
胞子体型自家不和合性　48、49
紡錘糸　41
ポジショナルクローニング　200
補償点　33
ポストゲノム　193
ホスホエノールピルビン酸　28
ホスホグリセリン酸　25
保存性転移　83
粗面小胞体　19
ポリエチレングリコール法　128、130、161
ポリガラクツロナーゼ　167、175
ポリメラーゼ連鎖反応　185
ホワイト培地　122

マ行

ま
マイクロRNA　166
マイクロアレイ法　205
マイクロサテライトマーカー　195
膜タンパク質　4
摩擦接種　97
末端配列法　197
マトリックス　15、35
マルチローカスプローブ　186

み
見かけの光合成量　32
短日植物　56
光呼吸　18、26
光飽和　30
光飽和点　33
緑色蛍光タンパク質　162
緑葉ペルオキシソーム　18
ミニサテライトDNA　9、186
稔性回復核遺伝子　53

む
母性遺伝　52
無胚乳種子　54

索引

ムラシゲ・スクーグ培地　122

め
免疫電子顕微鏡法　104

も
基本組織系　3

ヤ行

や
葯培養　138
ヤマノイモえそモザイクウイルス　100

ゆ
ユークロマチン　8
雄原細胞　44
有色体　11
雄ずい　42
雄性不稔系統ナタネ　173
雄性不稔植物　173
有胚乳種子　54
遊離細胞培養　126

よ
陽生植物　33
葉緑体　11
ヨード酢酸　132
ヨーロッパアワノメイガ　168
ヨーロッパアワノメイガ耐性トウモロコシ　169
好気呼吸　34

ラ行

ら
ラウンドアップ　170
ラウンドアップ・レディー・ナタネ　171
ラウンドアップ・レディー・ダイズ　171
裸子植物　1、46
卵細胞　44、47
ランダムプライマー　185

り
リードスルー　91
リーフディスク法　151、154
リシン含量が高いトウモロコシ　177
リブロース1,5-ビスリン酸カルボキシラーゼ／オキシゲナーゼ　26
リブロースビスリン酸　25
リンカーDNA　7
リン脂質二重層　4

る
ルシフェラーゼ　162
ルシフェラーゼアッセイ　162
ルビスコ　26

れ
レトロトランスポゾン　83
レトロポゾン　83
レポーター遺伝子　161

著者略歴

池上正人（いけがみ　まさと）
　1975　アデレイド大学大学院農学研究科博士課程修了（Ph.D.）
　現在　NPO法人日本バイオ技術教育学会理事長
　　　　東北大学名誉教授

植物バイオテクノロジー

2017年3月1日　初版第1刷発行	監　修　日本バイオ技術教育学会
検印省略	著　者　池　上　正　人
	発行者　柴　山　斐呂子

発行所　理工図書株式会社

〒102-0082　東京都千代田区一番町 27-2
電話 03（3230）0221（代表）
FAX 03（3262）8247
振替口座　00180-3-36087番
http://www.rikohtosho.co.jp

Ⓒ 2017　池上正人　Printed in Japan
　　　　　ISBN978-4-8446-0859-2
印刷・製本：モリモト印刷株式会社

＊本書の内容の一部あるいは全部を無断で複写複製（コピー）する二とは，法律で認められた場合を除き著作者および出版社の権利の侵害となりますのでその場合には予め小社あて許諾を求めて下さい。
＊本書のコピー，スキャン，デジタル化等の無断複製は著作権法上の例外を除き禁じられています。本書を代行業者等の第三者に依頼してスキャンやデジタル化することは，たとえ個人や家庭内の利用でも著作権法違反です。

★自然科学書協会会員★工学書協会会員★土木・建築書協会会員